范惟翔 博士著

服務業的法律風險與案例

探討旅宿業服務缺失

服務過失及法律責任

【運用法律工具解決服務爭議，促進企業永續發展】

◎提升顧客滿意度，平衡企業經營與消費者權益
◎理論與實務結合，強調保障消費者權益與企業責任
◎探討服務業法律風險，涵蓋服務瑕疵與過失及法律責任

既有理論的深度，又有實務的可操作性
每位從事旅宿業人士的必備工具書——

目 錄

第一章　緒論

- 008　第一節　服務業的特性
- 010　第二節　服務法規
- 012　案例分析：旅宿業中的服務瑕疵與法律責任

第二章　消費者服務與消費者保護法

- 016　第一節　消費者服務系統與服務品質模式
- 021　第二節　服務類型與服務花朵

第三章　服務瑕疵與服務缺失

- 028　第一節　服務瑕疵
- 030　第二節　服務缺失

第四章　消費爭議與服務過失

- 038　第一節　消費爭議
- 042　第二節　服務過失

目錄

第五章　消費者保護法與經營者責任

050　　第一節　健康與安全保障
055　　第二節　經營者責任
060　　案例：台灣高等法院 90 上易字第 570 號 —— 含毒肉鬆致死案

第六章　消費者權益與法律效果

066　　第一節　消保法之消費者權益
069　　第二節　消保法之法律效果
072　　案例：台灣高等法院 94 年度上易字第 248 號 —— 通勤學生摔車案

第七章　旅宿業服務安全性與消費者保護法

078　　第一節　台灣旅宿業發展與管理法源
084　　第二節　旅宿業管理法源與消費者保護法

第八章　服務過失之法律爭議案件實務

094　　案例一：颱風天鐵板砸車案 —— 研析台灣高等法院台中分院 106 年度上易字 291 號民事判決

101	案例二：婚宴海鮮中毒案 —— 研析台灣新竹地方法院 108 年度消字第 1 號民事判決
110	案例三：房客使用跑步機休克死亡案 —— 評析臺灣臺中地方法院 110 年度消字第 5 號民事判決
117	案例四：行走鋁製斜板案 —— 評析臺灣南投地方法院 105 年度訴字第 401 號民事判決
123	案例五：住客摔倒游泳池案 —— 評析臺灣高等法院臺中分院 102 年度重上字第 33 號民事判決
137	案例七：總統套房跌倒案 —— 評析臺灣臺北地方法院 90 年度訴字第 1321 號判決

第九章　結論
參考文獻

156	一、專書(按作者姓氏筆畫排列)
157	二、專書論文(按作者姓氏筆畫排列)
159	三、中文期刊(按作者姓氏筆畫排列)
162	四、學位論文(按作者姓氏筆畫排列)
163	五、網路資料
165	六、網站

目 錄

第一章
緒論

第一章　緒論

第一節
服務業的特性

在現代經濟中,服務業佔據了重要地位,其發展不僅帶動了經濟增長,還改善了人們的生活質量。然而,隨著服務內容的多樣化和服務提供者的增多,消費者與服務業者之間的法律關係日益複雜。消費者保護法(以下簡稱消保法)在這個背景下發揮了重要作用,確保了消費者的權益不受侵害,同時也規範了服務業者應承擔的法律責任。

消費者保護法的適用範圍不僅限於實體商品的交易,也包括服務提供過程中可能發生的法律爭議。根據消費者保護法第 7 條的規定,企業經營者無論是提供商品還是服務,都應當保證其安全性和符合消費者合理期望的品質水平。這些法律要求是為了確保消費者在使用服務時不會因為質量問題或安全隱患而受到損害。

服務業與實體商品的主要區別在於,服務的特性使其難以事先進行評估,消費者通常無法在使用服務前確定其品質。這就意味著,當服務提供者未能如期提供服務,或提供的服務品質不符合合理期望時,消費者可能面臨法律爭議。例如,在住宿業中,消費者可能因為訂房後發現房間狀況不

第一節　服務業的特性

符合預期或服務質量低而提出投訴。

　　服務業一直在台灣經濟體系佔有一席之地，並且服務業產值在各國的經濟結構中也不斷攀升，良好完善的服務可以是帶給企業經濟的動力，甚至能與顧客建立起長期的良好關係，然而由於服務在傳遞的過程中涉及員工、主管、顧客等，且服務與消費的不分割性，顧客不能在消費之前對服務交付進行評估，就民法而言，其中一方未能 100％交付的可能性是存在的；當未能完整交付服務時，服務失誤就會無法避免，而不管顧客所經歷的服務失誤類行為何，透過服務補救可維護顧客關係。

　　如果經營業者了解服務失誤的嚴重性，以適當的折扣或是現金禮券等實質性補救，讓消費者感受到服務提供者或企業對於發生服務失誤時解決問題的誠意，甚至可以讓顧客願意主動向服務提供者或企業告知對服務補救的建議，可能會造成企業付出稍許成本，但若企業未能判斷失誤的嚴重性，在適時的情況給予高度的實質性補救，可能會讓顧客感受業者只是應付的心態而已，如果溝通不善，服務疏失可能成服務瑕疵，如果有實質的提供損害證據，亦可能演變成服務過失。

第一章　緒論

第二節
服務法規

　　衡諸歐美先進國家對服務業的法益,一般認為服務之提供人,就其所提供之服務並非承擔「結果債務」,而僅承擔「行為債務」[01],服務提供人固應以謹慎且專業之方式提供服務,但就其所提供服務之結果,除有特別情事外,不負擔保之責,故服務提供人不負無過失之嚴格責任;不過服務提供人仍應盡之注意義務,原則上應從嚴要求,此項注意義務,乃客觀之注意義務,其所提供之服務,應符合一般合理且謹慎之服務提供。相較臺灣,消保法,規範對產業涵蓋面不僅限於設計、生產、製造、經銷及輸入商品企業經營者,也包含提供、經銷及輸入服務之企業經營者,因此商品有缺陷造成消費者受有損害時,商品製造人應負無過失賠償責任。

　　至於,台灣消費者保護法對於服務業的法律責任具體表現在幾個方面:

(一) 無過失責任:依照消費者保護法,企業經營者應當確保其提供的服務符合當時科技或專業水準可合理期待的安全性。這意味著即使服務提供者未能事先預見問

---

[01] 黃立,消費者保護法:第一講—— 我國消費者保護法的商品與服務責任(一),月旦法學教室,第 8 期,第 68-78 頁,2003 年 06 月。

題，但若服務質量存在安全或其他潛在風險，可能會引發消費者的法律索賠要求。

(二) 警告義務：如果服務具有危害消費者生命、身體、健康或財產的潛在危險，服務提供者有義務在顯著位置提前警告消費者。這樣的警告可以是明確的標示，或者在服務提供前對消費者進行充分的說明。

(三) 賠償責任：如果企業經營者未能履行其無過失責任，導致消費者或第三方受到損害，則服務提供者需承擔連帶賠償責任。當然，服務提供者可以試圖證明其在提供服務時未有過失，以減輕或免除其賠償責任。

(四) 行政罰款和停業處分：如果服務提供者違反消費者保護法的規定，特別是在安全或其他重大事項上，可能會面臨行政處罰，如罰款或停業處分。這些措施旨在強制執行法律規定，確保消費者權益得到充分保護。

案例分析：
旅宿業中的服務瑕疵與法律責任

讓我們以旅宿業為例來更具體地分析服務業中可能出現的法律爭議和相關的法律責任。

案例描述：

假設一家旅館在其宣傳照片中展示了寬敞且舒適的客房，但當消費者抵達並入住時，發現房間比預期的小，並且部分設施（如衛生間設施或者 Wi-Fi 連接）無法正常運作。消費者對於這些不符合預期的情況感到不滿，認為這是旅館在服務質量上的瑕疵，因此要求退款或其他補救措施。

法律分析：

根據消費者保護法的規定，旅館作為服務提供者，應當確保其宣傳的客房設施和服務水平符合消費者的合理期望。如果消費者可以證明旅館未能提供宣傳中所承諾的服務品質，例如房間大小、設施功能等，則旅館可能會面臨未能履行無過失責任的指控。此時，旅館需要證明其在提供服務時已經盡到合理的注意義務，或者提供證據顯示消費者的期望過高或不合理。

如果消費者成功證明了服務瑕疵，旅館可能需要承擔賠償責任，以補償消費者因未能享受到宣傳中所承諾的服務而可能遭受的損失。此外，如果消費者向消費者保護委員會或相關主管機關投訴，旅館還可能面臨行政處罰，如罰款或者勒令停業。

消費者保護法在保障消費者權益的同時，也對服務業提供了明確的法律框架，規範了服務提供者應當承擔的法律責任。對於服務業者而言，遵循消費者保護法的規定不僅是法律上的義務，也是建立良好企業形象和保持顧客忠誠度的重要手段。因此，在提供服務時，服務業者應當注意遵守法律規定，提高服務品質，以滿足消費者的合理期望，從而減少法律風險和可能的法律爭議。

基於上述，本書撰寫動機聚焦以服務業之旅宿業者作為個案探討的對象，因為現代旅宿業的功能涵括，住宿、餐飲、購物、休閒（健身、SPA、游泳）等活動，所以本書內容將從顧客一開始的網路訂房、停車、入住移動、房間使用、餐飲、休閒活動等各項行為因服務瑕疵所致的法律爭議而進行評析，如下表所示。

第一章　緒論

表1　住宿行為程序表

旅宿服務	1網路訂房	2入住登記	3停車	4電梯、走廊、房間	5淋浴、電視、床	6餐飲	7購物	8休閒
顧客行為	留下記錄	託運行李	停入停車位	抵達房間	淋浴、睡眠	用餐	逛商店	健身、SPA、游泳

　　本書目的之一，由於旅宿業的基本功能如住宿、餐飲、休閒等服務內容是現代生活不可缺的一環，旅宿業經營業者若想要擴大其市場佔有率，就有必要進一步深入了解消費者在面對旅宿業服務瑕疵時，消費者法律主張為何？進一步言，目的之二，消保法將商品與服務併列，統一規定企業經營者就其所設計、生產、製造之商品或其所提供之服務具有安全或衛生上之危險，致生損害於消費者或第三人時，應就其所生損害負賠償責任，因此，商品責任與服務責任適用相同之構成要件，旅宿業經營者又該如何自保？最後，目的之三，透過法律爭議個案了解服務瑕疵其因果關係及法院判決的思維模式為何？

　　如何建立穩固的顧客關係是行銷的基石，因此服務提供者的目的在於創建一個滿意、忠誠的顧客群，透過建立長期關係來留住他們的顧客，希望經營者能藉由法律層面的認識避免服務瑕疵的產生。

第二章
消費者服務與消費者保護法

第一節
消費者服務系統與服務品質模式

一、消費者服務系統

消費者服務品質,會隨著時間的經過,易對產品的變化而產生不確定性,不僅可能會造成商品或服務的預期效益降低,甚至有可能會對消費者或第三人造成損害。

事實上,所有之服務均毫無區別地納為無過失責任之規範對象,除了會造成若干不合宜之現象外,亦恐將因而影響企業經營者企業經營之方式,並因而導致社會經濟、科技等各方面發展之延遲。

從服務瑕疵所衍生之法律關係通常較為簡化,並不常見具有如同商品責任多數責任主體之特性,當契約存在於服務提供人與服務接受者之間時,消費者受有損害,即得逕向服務提供人主張債務不履行責任,甚至享有瑕疵擔保責任之請求權。

若將服務行為一整體的系統,則從服務系統讓我們可以鳥瞰整個服務的面貌,瞭解服務的構成元素以及元素之間的

關係,一般而言服務系統[02]是由先前接觸點、後場與前場三大部分組成。

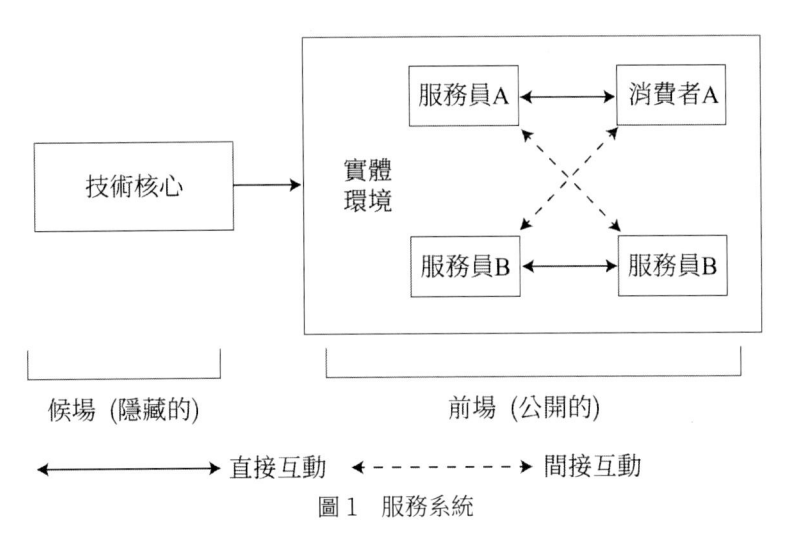

```
                                   ┌─────────────────────────┐
                                   │  ┌─────────┐   ┌─────────┐│
                                   │  │服務員A  │◄─►│消費者A  ││
┌─────────┐      ┌──────┐          │  └─────────┘   └─────────┘│
│技術核心 │ ────►│實體  │          │       ╲   ╱              │
└─────────┘      │環境  │          │        ╳                  │
                 └──────┘          │       ╱   ╲              │
                                   │  ┌─────────┐   ┌─────────┐│
                                   │  │服務員B  │◄─►│服務員B  ││
                                   │  └─────────┘   └─────────┘│
                                   └─────────────────────────┘
└──────────────┘                   └─────────────────────────┘
  候場(隱藏的)                          前場(公開的)

    ◄──────► 直接互動    ◄ - - - - ► 間接互動
```

圖1 服務系統

後場是指消費者看不到的服務作業,而前場(front stage)則是對消費者公開的服務作業。後場的任務主要是提供技術核心,以便前場的服務人員能夠提供理想的服務。例如,高級餐廳的後場必須採購合宜的餐器具、嚴格選購材料、定期清洗消毒環境、訓練服務生的禮儀應對、確保廚師的烹調知識與手藝等,這些都不是消費者看得見的,也不會費神關心的,但對於餐廳的服務特色與品質卻有關鍵的影響。

然而服務系統的過程中有時候不免存在變異性,換言

---

[02] 曾光華,行銷管理:理論解析與實務運用,前程文化事業股份有限公司,第八版,2020年9月,p.435。

之，商品可以在控制的條件下生產，不論生產力和品質都能設計至最佳化，在送到顧客手裡之前確認品質是否合乎標準；但在一個服務運作系統裡，服務人員和顧客的表現，會讓服務的投入與產出很難標準化及控制品質，由於因人而異的狀況不同，不同的人提供的服務可能會使服務結果產生「不滿意」的情況，但仍然維持服務品質，例如，接受 SPA 美容業者的服務，可能提供的美容師手法不同或輕重按摩力道不同，顧客就會有「不滿意」此次服務的情形。

與不滿意的情境作對照，瑕疵是指服務的過程產生「錯誤」，致使顧客對結果產生微詞，例如，接受 SPA 美容業者的服務，由於美容師手法或過度用力，造成顧客的輕微受傷，就是一種服務瑕疵。

二、服務品質模式

所以，如何掌控服務品質模式，就是避免服務瑕疵的重要參考，服務品質的觀念，美國三位學者 Parasuraman、Zeithaml 和 Berry[03] 發展了一個服務品質觀念模式，簡稱 PZB 模式 (PZB model) 或缺口模式 (gap model)。

---

[03] PZB 模式是於 1985 年由英國劍橋大學的三位教授 Parasuraman, Zeithaml and Berry 所提出的服務品質概念模式，簡稱為 PZB 模式。中心概念為顧客是服務品質的決定者，企業要滿足顧客的需求，就必須要彌補此模式的五項缺口。

第一節　消費者服務系統與服務品質模式

PZB 理論主要是說明整體服務的過程，每一個接觸點都有可能出現「缺口」，提供服務者即可針對缺口予以改進，服務進行出現的缺口共有五項，如下圖 4 所示。

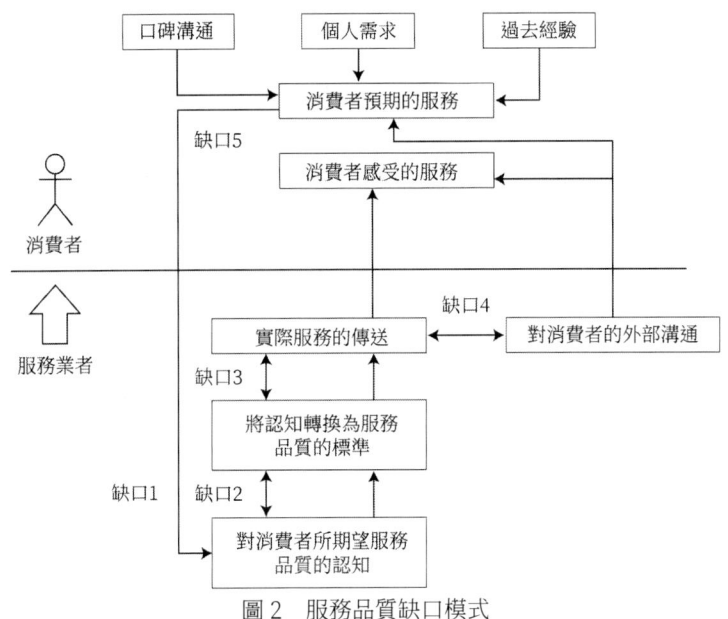

圖2　服務品質缺口模式

再者，服務品質就傳統的行銷組合(即產品、定價、通路、及促銷，簡稱4P)觀念不足以涵蓋服務業的行銷範圍，因此不少學者建議增加三個因素來補充原有行銷組合的不足。這三個因素是實體環境(physical environment)、服務人員(service personnel)與傳統的行銷組合加起來稱為與服務過程(service process)7P，新增三項構面正是服務瑕疵最常出現

第二章　消費者服務與消費者保護法

之處,將會在第三章有更多的討論。

以缺口1舉例而言:其缺口形成的原因是缺乏瞭解或是誤解顧客的需求或慾望,如果甚少進行顧客滿意度的調查,則容易產生此缺口,是一種「溝通的瑕疵」。

所以如果能持續不斷的進行顧客滿意度及需求的研究,是解決此缺口的重要步驟,目前許多餐廳都會附上顧客滿意度的問卷,瞭解顧客需求,也可說是消費者「預期的服務」與服務業者對「消費者所期望服務品質」。

至於缺口2至缺口5,皆是從缺口1所引出的一連串不滿缺口。其中最富爭議者乃醫療行為是否屬於「服務」而適用於消保法第7條之無過失責任。

台灣消費者保護委員會於研商同法施行細則時,就「服務」決議不設明文,而留待法院及學說,依社會、經濟發展及消費者保護之需要決定,不過也因此學說上與實務上就「服務」之適用範圍產生爭議。事實上,消保法之服務無過失責任,學者稱之為超前立法,蓋比較法上對服務無過失者,僅屬少數[04]。

---

[04] 陳聰富 (2001),〈消保法有關服務責任之規定在實務上之適用與評析〉,《臺大法學論叢》,30卷1期。

第二節
服務類型與服務花朵

(一) 服務類型

行政院主計處資料顯示[05]，1998 年服務業產值佔台灣國內生產毛額 (GDP) 首次達 50% 象徵台灣開始邁入服務經濟體系，2011 年該比率已經超過 72%（工業 25%，農業低於 2%）。另外，截至 2011 年，服務業人口佔了台灣近千萬就業人口中的 58%。從這兩項經濟指標，我們不難想像台灣的經濟表現與就業率等與服務業的成長息息相關。

服務業包含批發零售、餐飲、運輸倉儲通信、金融保險及不動產、工商服務 (含法律、顧問、廣告、租賃)、教育衛生及社會服務 (含補習班、醫療院所、福利機構、職業公會)、文化及休閒服務 (含廣播、電視、旅館、藝文團體)、個人服務 (含汽車維修、托兒所、美容、殯葬)、公共行政 (含各政府機關的服務) 等行業。因此，服務業是集合名詞，用來形容具有類似服務性質的行業。

---

[05] https://nstatdb.dgbas.gov.tw/dgbasAll/webMain.aspx?sys=100&funid=dgmaind

第二章　消費者服務與消費者保護法

　　由於服務的特性相當多元，甚至抽象，再加上實務界或學術界的看法不一，因此對於「服務是什麼」，並不容易回答。比較普遍的說法是服務的本質不是在於萃取、加工或製造天然資源、材料與零組件，而是在於透過某種行為、活動或程序，為消費者的健康、安全、知識、情緒、外貌、財物等加分。這項說法隱含一個意義：服務具有無形的特質；而無形性公認是區分服務與製成品最重要的一項特質，如表2所示。

表2　以服務活動性質及服務接受對象分類服務

服務活動性質	服務接受對象	
	人	物
有形行動	人身的處理 理髮美容 醫療保健 旅宿休閒 餐飲膳食	物品的處理 貨物運輸 洗衣烘熨 汽車維修 環境清潔
無形行動	心理刺激的處理 教育成長 心理治療 藝術欣賞 管理顧問	資訊的處理 會計帳務 法律顧問 保險諮詢 學術研究

　　旅宿服務之範圍，應包括提供安全之住宿與用餐環境，亦即為達到提供餐飲服務之目的，應有提供安全用餐環境之

附隨義務。一般消費者所認知的服務業是指消費服務業 (consumer service industry)，主要功能是增進一般民眾的生活品質，包含醫療保健、觀光休閒、交通宅配、美髮美容、健身運動、住宅服務、汽車維修、補習教育、零售餐飲等行業，然而，就經營的立場，服務是屬於一種行為，與有形的產品是有性質上之區別與差異；法律性質上，美國學者亦認為服務應為「行為」(conduct)[06]。

然而，大量的生產商品與服務的提供勢必對品質控管造成考驗，不良商品、服務發生的機率相對提升，而在任何國民皆有可能成為上述不良商品或瑕疵服務受害者。

因此，消保法將商品與服務併列，統一規定企業經營者就其所設計、生產、製造之商品或其所提供之服務具有安全或衛生上之危險，致生損害於消費者或第三人時，應就其所生損害負賠償責任。

（二）服務花朵

從服務業型不難發現，各種類型的服務情境可以定義出其核心服務的要點，再加上流流程圖更可以作到更完美的服務。

---

[06] See William C. Powers, Jr(1984)，Distinguishing between Products and Service in Strict liability，North Carolina Law Review 62(3)，p.410-420

第二章　消費者服務與消費者保護法

　　從服務流程言之，有些服務的過程很短，只有幾個步驟而已，但是有些服務卻要花費較長時間，且步驟繁複；例如，在度假飯店用餐可能只需幾個小時，去主題樂園遊玩則要一整天，如果你是事先預定，那表示第一個動作在幾天或甚至幾週前就開始進行了。

　　要改善服務的品質與效率，必須充分了解顧客涉入服務的情形，當顧客與服務公司的服務人員、無人的服務系統如網站、實體設備及其他顧客互動時，就是在接收一些影響他們對這個服務的期待與評價的資訊。

　　一個程序包含開始投入到產出，那每個服務組織的實際程序又是如何呢？它又如何完成任務呢？服務程序裡有兩個要素：人與物品。有些例子像運輸或教育，顧客本是服務程序最主要的投入者；有些主要的投入者則是物品，像故障待修的筆記型電腦或待記帳的財務資料。某些服務業的程序是實體的，會出現一些有形的東西；然而，在資訊型態的服務業裡，程序則是無形的。

　　服務之提供流程有異於商品之銷售過程，服務責任規範之對象係為「無形之勞務」，即以服務提供人之行為為客體，通常具有「生產與消費同時性」之特性，接受服務者乃與服務提供人有程度不一之接觸，所以消保法並未就服務明文定義，參照歐洲共同市場一九九〇年關於服務責任要綱建議案

第二節　服務類型與服務花朵

第二條規定,有關消費者保護法第七條規定之服務似可嘗試定義為:指非直接以生產或製造商品或移轉物權或智慧財產權為客體之勞務。

從服務管理的觀點而言,LOVELOCK(1986) 提出服務花朵的概念架構在服務傳遞到顧客身上的過程中所進行的步驟則稱之為附屬服務,服務花朵的概念對於這些圍繞依附在花瓣核心中心的外部總共為八種不同的服務項目,表3即說明旅館業服務流程與服務花朵項目[07]:

表3　旅館業服務流程與服務花朵項目

旅館業服務流程	服務花朵項目
1. 資訊	預約房間
2. 諮詢	網路、電話洽詢
3. 接訂單	住宿／退房
4. 接待	接待大廳
5. 保管	車輛停放、行李暫存
6. 付款	櫃檯結帳、退款
7. 額外服務	用餐、健身房、泳池
8. 結帳	開發票、收據

---

[07] Lovelock, Christopher H. "Classifying Services to Gain Strategic Marketing Insights.' Journal of Marketing 47 (Summer 1986): 9-20

第二章　消費者服務與消費者保護法

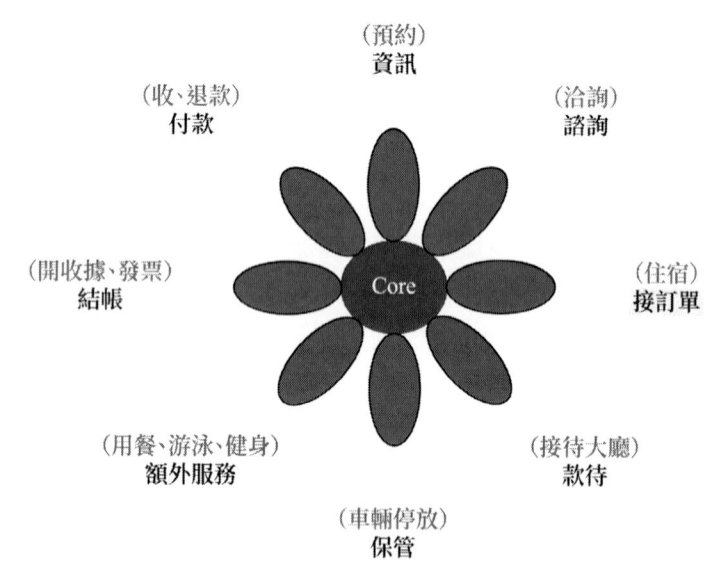

（預約）
資訊

（洽詢）
諮詢

（收、退款）
付款

（開收據、發票）
結帳

Core

（住宿）
接訂單

（接待大廳）
款待

（用餐、游泳、健身）
額外服務

（車輛停放）
保管

圖 3　旅館業服務花朵項目

# 第三章
服務瑕疵與服務缺失

第三章　服務瑕疵與服務缺失

第一節
服務瑕疵

陳冠中、王凌亞 (2020) 比較各國雖皆立法規範瑕疵產品之責任，但仍明定由被害人負擔因果關係之舉證責任[08]；不過，各國皆有不同見解，方向是減輕被害人舉證責任負擔，期使被害人能更容易獲得救濟，外國立法例規定如下：

(一) 歐盟 1985 年瑕疵產品責任指令第 4 條[09]：「被害人應就損害、瑕疵以及損害與瑕疵間之因果關係負舉證責任。」將損害、瑕疵及因果關係三者皆明文規定由被害人負舉證責任。

(二) 德國 1989 年瑕疵產品責任法第 1 條第 4 項[10]：「就產品之瑕疵、損害，及瑕疵與損害間之因果關係，由被害人負舉證之責。就第二項或第三項之賠償義務排除與否發生爭議時，由製造人負舉證之責。」明定由被害人舉證證明因果關係。

---

[08] 曾品傑，「論消費者保護法上之服務責任——最高法院相關判決」，財產法暨經濟法，(12) 2007。

[09] "The injured person shall be required to prove the damage, the defect and the causal relationship between defect and damage." 劉春堂譯，《外國消費者保護法第三輯》，行政院消費者保護署，1995 年 12 月，172-192 頁。

[10] 王廷瑞譯，《外國消費者保護法第三輯》，行政院消費者保護署，1995 年 12 月，68-88 頁。

第一節　服務瑕疵

(三) 法國1998年5月19日瑕疵產品責任法:「原告應證明損害、瑕疵以及瑕疵與損害間之因果關係」。

(四) 美國產品責任訴訟中之「嚴格責任」,其要件僅為「一項產品有瑕疵,因而引起損害」為美國多數州所適用之責任。惟美國嚴格責任請求權之原告必須證明「有產品瑕疵之存在」、「其瑕疵於產品出賣時即已存在」及「損害因瑕疵而引起」,此要件即為因果關係之問題[11]。

有關瑕疵之定義,一般係指未具備商品在「合理地使用下應具有的預期結果」,我國民法關於「瑕疵」的規範,在民法第351條,係指契約的標的物與當事人當初意思所合致者有異。

易言之,無瑕疵在法律上是對物品的交付雙方達成協議,然而,在服務場域,消費者對服務的要求是穩定性的,可是面對不同的服務人員、不同的服務時間、而且消費者的要求有時不在標準作業程序(SOP)的狀況,更會遭遇服務疏失,更嚴重的就是服務瑕疵,此現象或許是服務流程不穩,問題更也可能是管理階層的管理概念與管理能力。

---

[11] 黃立,論產品責任,《政大法學評論》,1991年6月,43期,217-238頁。

第二節
服務缺失

依照學者王聖惠[12]之研究,醫學稱疏失者,係事實之概念,指是否有注意義務而違反的事實判斷;因此從一般服務業的角度,顧客面對服務疏失時,依情況可能有下列數種反應,一般可分為輕度、中度、及重度,茲舉例如下:

(一)「自認倒楣,下次不再光臨」(輕度)

(二)「向友人及網上抱怨」(中度)

(三)「要求理賠或訴諸法律」(重度)

服務疏失到了重度時,就可能演變成服務過失。

以下三則為中度服務瑕疵的網路留言[13]。

---

[12] 王聖惠 (2018),告知說明義務系列:告知說明之範圍,《月旦醫事法報告》20期,頁124-129。

[13] Google 網路評價 https://www.google.com/search?q=%E5%8F%B0%E5%8D%97%E5%B8%86%E8%88%B9%E9%A3%AF%E5%BA%97%E5%AE%98%E7%B6%B2&oq=%E5%8F%B0%E5%8D%97%E5%B8%86%E8%88%B9&aqs=chrome.2.69i57j0i512l2j46i175i199i512j0i512l6.20061j0j7&sourceid=chrome&ie=UTF-8#rlimm=13535791156575692890 (最後瀏覽日期:2023 年 6 月 20 日)

第二節　服務缺失

A 旅客留言：

老實說身為台南人對這間號稱五星酒店蠻失望的，我先說明最奇怪的設計--廁所整體

1. 淋浴與廁所的推門
乾濕分離的門跟廁所門居然是往內推，
門往內推我要進到淋浴間直接卡住，
什麼爛設計。

2. 地板沒有排水溝，淹水直接跑到房間
一個有浴缸的廁所居然沒有在門邊跟浴缸邊做排水或擋水，浴缸水滿出來，直接可以衝出到房間地板

3. 浴缸旁邊沒有扶手或支撐架
這個真的是很有問題，你要在浴缸泡澡要冒著跌跤滑倒的風險，站起來也沒東西抓

然後我覺得身為酒店沒有浴袍真的很奇怪，以前去過的酒店都有。

除此之外，游泳池的脫水機不能使用，是不是要請前面的櫃檯發給顧客防水袋之類的，貴酒店是不介意客人拿著濕淋淋的泳衣帽，拿回去到房間嗎？

B 旅客留言：

在地嚮導・28 則評論・27 張相片
★☆☆☆☆ 2 天前

1. 整個飯店只有三部電梯可以使用，在進房與退房時，整個電梯塞爆，等了半個小時都還擠不進去

2. 表定11點開始消毒，但兒童遊戲室球池10點就開始消毒

3. 11點一到，三樓休閒空間大門深鎖，所有人擠在電梯外小空間，又剛好遇到退房潮，小小空間等半小時也無法擠進去，如果遇到火災這些人進退不得，旁邊也無安全梯……

4. 車道單一進出口狹窄無警示燈，也無人員管制

5. 早餐限時一個小時，且服務人員未代位要我們自己找位置，重點前一天入住時就已告知用餐時段，為何不先安排大家座位呢？

6. 無動力設施停用未先告知訂房者，我就是為了這個而訂房的

除了上述還有很多很多缺點，整個酒店軟硬體很差，非常不值得入住，唯一開心的事昨天入住晚上在房間看到煙火很漂亮

031

第三章　服務瑕疵與服務缺失

C 旅客留言：

> 10 小時前在 G Google　　　　　　　　　　　1/5
>
> 不愉快的住宿體驗～訂房標示不清楚～正餐都有附早餐～沒附就算了～要加錢吃早餐～也說客滿～整個令人傻眼～泳池氣味不好聞～不是消毒水的味道
>
> 房間：3/5　｜　服務：1/5　｜　地點：3/5

消費者與企業經營者因商品或服務發生消費爭議時，事實上，依消保法第 43 條第 1 項規定，消費者可以選擇向「企業經營者」、「消費者保護團體」或直轄市、縣／市政府之消費者服務中心提起申訴，情緒性留言，飯店業者往往只是以制式「公版」回應「謝謝您的留言，本飯店已向各單位要求限期改善」云云帶過。

〈案例一〉飯店浮動價格案

111 年 11 月嘉義阿里山○○○酒店遭民眾投訴，一家四人在 228 連假入住時被收取 6.9 萬房費，入住時才得知房價提高但迫於無奈路途遙遠，最終簽下入住同意書入住，但假期過後通報媒體質疑飯店「浮動價格」欺騙消費者。

其中細節包括，房客於 2 月 24 日接到飯店確認電話時，提出晚餐需求，再加上訂房者非本人，飯店在其同意下取消

第二節　服務缺失

預定再重新預約,房價才會有所更動,由於一行人並未確定幾位有早、晚餐需求,因此於 check-in 時才決定要以一泊二食 6 萬 9 千元的專案價消費入住。

該酒店認為民眾透過友人訂房,不清楚訂購價格,在入住前 2、3 天有聯繫告知價格,針對民眾提出早晚餐需求,也有總價並告知,入住時對方也有簽署「入住確認信」入住,結帳時也退還 3 間共 5 千多元價差。當初該酒店報給嘉義縣文化觀光局的房價是 5 萬到 25 萬之間,所以提報的浮動價格並沒有違反規定,酒店進一步解釋,國際飯店房價原本就有「浮動價格」機制,在不同的時間會隨著住房率的高低而產生浮動性房價。雖然該酒店表示,入住前已「以電話」向消費者做確認,在現場也會針對價格對消費者說明,並簽署確認書,客人同意後才會辦理住宿,國際飯店的價格本來就和機票一樣,屬於浮動價格,會隨著日期及需求有所變動,旅客入住前就會以電話做確認,在現場也會針對價格向顧客說明,客人同意後,簽下「入住確認信」才會辦理住宿。

至於旅客以 228 連續假期到「阿里山○○○酒店」住宿,一家四人住 3 天 2 夜,含早晚餐被收取 6 萬 9 千元,費用高昂、住房環境圍繞鐵皮屋與官網圖片相去甚遠,引發民眾質疑「消費者權益受損」,房客質疑住房資訊不公開損害消費者權益。

對於此案爭點,在於房價是浮動價格,如果旅宿業者於

訂房時「白紙黑字」在契約中明白標示確定價格，不可僅以電話方式說明或確認，而消費者無論是預約或現場訂房，也應看清契約相關條款。

對於旅客訂房的定型化契約，一般紙本簽訂外，運用旅宿業官網完成書面契約的訂定，雙方若依「個別旅客訂房定型化契約應記載及不得記載事項」規定以書面完成訂房手續應可降低消費爭議，減少服務瑕疵的產生。

此案件經媒體曝光，由於屬於重度的服務瑕疵，後來雙方協議和解，未進入訴訟；然而從此案例可以看出服務瑕疵如果協調未果，下一步可能就會產生消保法違法的訴訟及侵權行為之爭議。

〈案例二〉蛞蝓火鍋案

自從連鎖壽司店被消費者指稱有「蛞蝓壽司」後，連鎖火鍋店也被爆出發現蛞蝓在蔬菜上，使消費者驚嚇不已，對此，業者也做出回應致歉了。

對於該起食安危機，食品藥物管理科派員前往現場稽查，若複查仍不合格，將依違反《食品安全衛生法》處 6 萬到 2 億元罰鍰，另產品責任險若不符合規定，將依同法處 3 萬到 300 萬元罰鍰。

事實上,顧客反應菜葉上有蛞蝓時,店家已立即更換菜盤並致歉,經釐清來源,發現蛞蝓是來自食材中的白菜,清洗時因內部人員並未察覺,造成賓客不安深表歉意,未來將加強內部管理與檢討,以避免類似情況再度發生,這種服務疏失,雖未釀成消費者健康受損,也算是服務瑕疵。

〈案例三〉飯店室內飛入大蟑螂案

旅客入住三星級飯店,沒想到房間竟出現天牛大的飛行蟑螂,對此房務人員也出動捕蟲網捕捉,並協助房客更換房間,但房客事後卻不滿要求全額退費不被接受,在網路上發文控訴,「要求全額退費很不合理?」

到底本案消費者的要求全額退費合理嗎?事實上,服務因為某些因素而發生延遲或是核心服務低於可接受的服務水準等,消費者面對服務失誤時的最初反應可能產生失望或生氣,但企業若未能及時解釋服務疏失原因及針對服務疏失採取補救回覆措施,消費者的反應可能就不只是失望而已。

針對以上三則案例,可以得出結論如下:

(一) 如果是服務疏失,業者最好能實施服務補救措施,服務補救是希望能夠減輕或修復因為服務失誤對顧客所造成的損失,服務補救是對顧客行為的正面影響活

第三章　服務瑕疵與服務缺失

動,可以弱化顧客對服務疏失的不滿感受,企業同理心顧客的心理有所補償,使顧客會針對其所遭遇之損失而有所利得。

(二) 如果是服務瑕疵,黃立 (2003) 對於瑕疵服務責任規範之必要性,依「瑕疵服務責任歐市準則」說明備忘第一、四條,提出以下數點,可以作為業者處理參考:「1. 基於消費者及受害人因不具備專業知識,且於損害發生時,服務已不存在,使其處於極為不利之地位。2. 與瑕疵產品相較,瑕疵服務之受害人處於更不利之地位,因為於瑕疵產品發生損害時,常可以對該產品或市上尚存之同類產品進行檢驗,瑕疵服務則否。3. 瑕疵服務責任迄今並無明確之原則可以使用,對於案件之勝訴機率較難掌握。4. 自提供服務人之觀點言,若對服務責任未有規範,將無法準確評估其風險,亦無法投保適當之保險 [14]。

---

[14] 黃立,消費者保護法:第一講——我國消費者保護法的商品與服務責任(一),月旦法學教室,第 8 期,第 68-78 頁,2003 年 06 月。

第四章
消費爭議與服務過失

第四章　消費爭議與服務過失

第一節
消費爭議

　　消費爭議是指消費者與企業經營者間因消費關係所發生之爭議，所謂消費者，依消保法第 2 條第 1 款規定，是指以消費為目的為交易、使用商品或接受服務者；同條第 4 款所稱消費爭議，是指消費者與企業經營者間就商品或服務所生的爭議，並不包括其他爭議在內，如一般消費者與企業經營者間於尚未發生與商品或服務有關的消費關係前，消費者因企業經營者商品或服務之品質不良所為的告發，由於其不具有消費關係存在，並不屬於消保法所稱消費爭議的範圍。

　　疫情期間，國人旅遊方式逐漸在國旅市場，行政院消費者保護處公布全國 100 家觀光旅館，及旅館所使用的「住宿券」查核結果：發現有 37 家部分查核項目不符合規定，不合格率近四成，目前尚有 3 家業者尚未改正[15]；消保處表示，業者屆時若未限期改正，將依《消保法》處最高 50 萬元罰金，並可連續罰款。業者這樣的不當推廣活動已侵害到消費者權益，是消保法規範的消費爭議。

　　再以旅宿業二則消費爭議為例：

---

[15] https://news.housefun.com.tw/news/article/amp/818015286512.html ，最後瀏覽日期：2023 年 6 月 3 日。

第一節　消費爭議

（一）花 2 萬多入住台北○○酒店，結果先碰到浴室排水管毛髮阻塞，放在冰箱內的食物也未被丟棄，使房客氣到投訴，最後飯店方也坦承疏失，但是否賠償房客免費住宿則雙方爭執中[16]。

（二）花了 1 萬 8 千元入住新竹某知名連鎖飯店，原應包含在費用內的房內飲品餅乾零食及飯店三溫暖設施，卻因有關人員未確實說明及開啟，櫃台人員收取房費，卻未說明迎賓茶點內容；而飯店三溫暖設施卻未運作，櫃台人員先說是「忘了開」，後又稱是為了省電所以沒開按摩池、烤箱，使旅客權益受損，要求退費爭執中[17]。

以下提供（案例一），是消費者向市府舉發某飯店的不當收費，更說明消費爭議的情形。

---

[16] https://travel.ettoday.net/article/2299879.htm ，最後瀏覽日期：2023 年 6 月 3 日。
[17] https://news.ltn.com.tw/news/HsinchuCity/breakingnews/3266127 ，最後瀏覽日期：2023 年 6 月 3 日。

第四章　消費爭議與服務過失

〈案例一〉泳池不淨及其它消費爭議申訴函

OO酒店有限公司　函

受文者：OO市政府法制局消保官室

發文日期：中華民國OO年OO月OO日
發文字號：
速別：普通件

主旨：有關（函文字號OO觀管字第OOO號）X君反應我司客房及設施品質不佳所衍生消費爭議一案，內容回覆詳如說明，復請查照。

說明：
一、 住客X君於8/28（六）～8/30（一）退房，入住期間使用泳池反應水質不淨導致皮膚發癢之事：
我司自主管理及工作檢查表皆依體育處泳池規範實施，記錄其水質狀況及PH值；X客二日水質及PH值皆在規範內，並無異樣。泳池當日為開放狀態，依疫情實名制登記情形，28日48人、29日63人、30日20人，皆未有其他住客反映水質不佳或因水質導致皮膚發癢之情況發生；X客於入住兩日之行程我司無從了解，故無法證明為我司設備、備品或房況造成。

二、 其他服務不實申訴事件：
1. 住客X君於8/28（六）第一天入住房號為2707，入住時間經客務部確認並無耽誤；第二天8/29（日）入住其他房型，房號為NO.2617，假日住房，客務部人員當下亦告知說明並致歉請客人於沙發區休息稍作等候，此為營運現況無可避免！
2. 客反映8/30早餐送餐延遲之事：
我司於疫情期間早餐提供套餐式餐點給客人，客需於前日晚上與我司預約餐點及用餐時間。X客於8/29（日）登記早餐為am 9:30，8/30（一）登記時間為am 8:30，客反映早餐送餐延遲，經調閱監視器亦無讓客人久候45分之事實。

第一節　消費爭議

3. 餐點甜點遺漏之事：
   疫情期間我司採"個人套餐"供應並採梅花座＋隔板，外場人員皆依客所點之餐別擺盤，托盤於每個位置皆有餐點，在確認無漏後方才送餐，經我司內部查核，X客入住兩日 皆無遺漏之客訴處理；如有遺漏或餐具上有污漬，當下反應，我司同仁亦立即處理更換補充。

4. 電動腳踏車電量不足之事：
   電動腳踏車為短程使用之交通工具，最大蓄電量之使用公里數為20公里；我司於租借前皆為保持充電中狀態。我司於租用電動腳踏車（50元／次）之時，會與客人告知：請勿騎遠並於領取時查看電量，騎乘時亦需注意，如因沒電而救援需額外支付救援費用500元／次。客如於租借時告知電量不足，我司亦立即更換它台電動腳踏車；當日X客並未反映，故無從了解是否啟程時即為電量不足。

註：

一、本飯店基於服務原則及飯店條約，皆秉持服務熱忱為宗旨，每位同仁盡心盡力競競業業的服務客人，如有任何疏失也盡速補齊、安撫客人並為客人解決其問題，面對其莫須有指控對於本飯店同仁士氣是一大傷害，故X客之要求我司嚴正拒絕。

二、飯店規範－公共空間與房間內禁止吸菸一事，我司於入住前皆會告知並請客人同意簽名；X客於入住期於房間內抽菸屬實，我司向其收取清潔費（煙味難散除，三天無法銷售此房之損失），如附件證明單。若因此事，造成X客惡意報復，浪費國家資源及我司需派人處理此不實之指控，浪費人力，時間成本，其費用與X客收取10萬元服務費用。

正本：OO市政府法制局
副本：OO市政府、OO市政府觀光旅遊局

第四章　消費爭議與服務過失

第二節
服務過失

如果業者因本身的「過失」與消費者產生糾紛，有可能產生服務過失。消保法第 51 條規定：「依本法所提之訴訟，因企業經營者之故意所致之損害，消費者得請求損害額 5 倍以下之懲罰性賠償金；但因重大過失所致之損害，得請求 3 倍以下之懲罰性賠償金，因過失所致之損害，得請求損害額 1 倍以下之懲罰性賠償金。」此一懲罰性賠償金亦為民法所未見，故相較之下，主張消保法對被害人更顯有利[18]。

所以旅宿業大廳如果地面潮溼，就是提供不安全的消費環境，造成消費者跌倒受傷，業者須同時負擔民法與消保法的侵權責任，賠償消費者的損失，這都是「服務過失」的案例。

因此，如果消費者因天雨而在飯店踐踏污水滑倒，依民法與消保法的侵權責任向業者請求賠償，消費者可以主張業者須負侵權責任，在跌倒後 2 年內請求「未來數月不能工作的薪水損失」、「補償精神」、「醫療費用」、「痛苦的慰撫金」等賠償。

---

[18] 魏伶娟，「對消費者保護法制的回顧與展望 —— 從兩側實務案例談商品和服務責任製若干法律問題」，月旦法學雜誌，(No.336) 2025.5。

第二節　服務過失

我國消保法將服務納入保護範圍，在立法例上堪稱少數，惟消保法並未對服務加以任何定義，也未設有排除適用的任何規定，因此，理論上只要是以提供服務為營業者，均屬受到消保法所規範的企業經營者，所稱服務並不侷限商品有關聯者為限，與商品無關之服務，均在消保法規範之範圍內，例如運輸業、百貨業、餐飲業、旅遊業等等。

消費者若因安全性欠缺之商品或服務受有損害，就商品與服務無過失責任本質上為侵權行為而言，按民事訴訟法第277條文之規定：「當事人主張有利於己之事實者，就其事實有舉證之責任」，應由受害人就責任之成立要件負擔舉證責任。

我國對因使用商品或接受服務受有損害之被害人，可區分為三種類型[19]，一、有消費關係之被害人。二、不具消費關係之被害人，且為企業經營者所可預見之被害人。三、不具消費關係之被害人，但非為企業經營者所可預見之被害人。前兩者可依消保法商品服務責任請求企業經營者負起無過失責任，惟若屬第三種僅可依民法請求救濟。

精神損害是否構成商品與服務無過失責任之損害事實？如前所述消保法對於損害此一概念並未設有特別規定或限

---

[19] 黃立，消費者保護法：第二講 我國消費者保護法的商品與服務責任(二)，月旦法學教室，第10期，第75-88頁，2003年08月。

第四章　消費爭議與服務過失

制，因此產生了消費者得請求非財產上損害抑或僅限於請求財產上損害的疑義。

精神損害是因財產或財產以外法益被侵害，對受害人或其家屬之精神痛苦或心理創傷，例如，因重度傷殘導致生活困難之精神上痛苦、導致的自卑羞辱等心理上感受，均為最深損壞的範疇，對於精种損害之功能在於藉由給予金錢利益，使被害人經濟生活上獲得利益，以填"被害人精神受損害，亦可使被害人金錢上滿足，而獲得慰撫，雖然精神不完全以金錢彌補，但可以使被害人在其他方面得到精神的平復減輕被害者的精神痛苦。

侵權行為法上損害賠償責任之歸責原則，大致可分為「過失責任」與「無過失責任」二者。消保法第七條至第九條關於企業經營者無過失損害賠償責任之規範性質，係屬「侵權行為法上之規範」無過失責任主義，即有不論加害人有無過失亦需負責之原則，此乃因現代企業發展迅速，危險事業日益激增，導致意外災害發生因加害人之行為具有專業性或科技性，被害人限於所知，常無法舉證證明加害人具有過失。

公司法第 23 條係規定公司負責人對於公司業務之執行，如有「違反法令，致他人受損害時，即需與公司負連帶賠償責任。」但並未限制其損害認定之法條依據，是以消費者依據消保法第 7 條規定提起訴訟請求同法第 51 條之懲罰性賠償

第二節　服務過失

金,均屬侵權行為,如公司負責人於執行職務時違反民法及消保法規定,致消費者受有損害,即應負連帶賠償責任。

戴志傑指出消費者之損害賠償,該懲罰性賠償金制度之概念應予保留,惟應區別企業經營者之「故意」或「過失」責任,規定其不等之賠償額度,明定因業者「故意」所致之損害,消費者可請求二至三倍之懲罰性賠償金;但若證明乃因「過失」所致,僅得請求一倍以下之賠償金,方可稍微降低因立法從嚴對企業經營者所生之損害[20]。

謝哲勝認為 (2014) 商品責任的規範採取雙軌規範模式,也因此民法第一九一條之一與消保法上相關規範之間的關係,產生許多不同解釋的空間。事實上,在立法時即有學者指出,在消保法通過後,民法第一九一條之一法律案,應已失其完成立法目的,自應使其在完成立法程序前消失,否則,將來如完成立法,對於消保法的適用徒生困擾。此外,也有學者認為民法第一九一條之一與消保法上的相關規範是否有要同時存在的必要,不無檢討餘地[21]。

消保法關於企業經營者無過失責任之規定,性質上係為侵權責任,而非債務不履行責任,因此,消保法第七條第二

---

[20] 戴志傑,「兩案《消保法》懲罰性賠償金制度之比較研究」,臺北大學法學論叢,第 53 期,91.4.18。
[21] 謝哲勝,「商品自傷非商品責任的保護客體 - 評最高法院九十六年度台上字第二一三九號民事判決」,月旦法學雜誌(No.232) 2014.9。

第四章　消費爭議與服務過失

項應屬係一種列舉規定；換言之，消保法所保護之法益，除生命權、身體權及健康權外，所稱之「財產」，應限於被害人之所有權或其他物權等財產權而言，並不包括被害人之其他純粹經濟上損失。同時，消保法採無過失責任，且無如同民法第二百二十七條之一之不完全給付規定有損害賠償包括財產上及非財產上損害之法文，故有關精神慰撫金之請求應回復民法侵權行為規定之適用。[22]

任何損害賠償責任無論係本於侵權行為而發生，或係本於債務不履行之原因而存在，皆應以加害原因與損害之間有因果關係為要件，此點於成立消保法條文中企業經營者損害賠償責任之情形亦無例外。消保法第七條第三項規定：「企業經營者違」，其中「致」一字生損害於消費者或第三人時，致即代表應有因果關係之存在[23]。

台北地方法院八十六年度訴字第一三二六號判決認為：「消費者保護法對於企業經營者乃採無過失責任制度，其對因消費關係而產生之侵權行為雖無任何故意、過失，亦需負損害賠償責任，僅其賠償範圍因消費者保護法未規定，而需適用民法相關規範條文，非謂有關慰撫金請求之構成要件，亦應回歸民法之規定。

---

[22] 姚志明，〈論商品責任〉，收於《侵權行為法研究（一）》，頁119-120. 台北，元照出版有限公司 (2002年8月)。
[23] 朱柏松，《消費者保護法論》，頁111。

第二節 服務過失

消保法第七條第三項但書之規定，企業經營者必須證明其無過失，法院才得減輕其賠償責任。此種規定，等於變更了企業經營者所能主張之民法有關損害賠償責任之減免規定。因此，在適用消保法無過失損害賠償責任之規定時，企業經營者雖可主張民法過失相抵之抗辯，但必須由企業經營者負證明自己無過失之舉證責任[24]。

在消費者保護法中，商品或服務無過失責任與一般侵權行為不同的關鍵點，在於以商品或服務是否「符合當時科技或專業水準可合理期待之安全性」之客觀歸責為企業經營者應否負無過失責任之標準，亦即企業經營者在何種情況下應該負責的問題。至於消保法上企業經營者之無過失損害賠償責任成立之目的，其最重要者係在對於因商品或服務不符合當時科技或專業水準可合理期待之安全性，因而導致消費者或第三人受有損害時，應由商品製造人或服務提供者等責任主體對被害人負損害賠償責任。而實務上依最高法院之判決，消費者就企業經營者是否具故意或過失固不負舉證責任，但就「商品欠缺安全性」與致生「損害」間是否具有相當因果關係，仍應由消費者或第三人舉證證明，始可獲得賠償[25]。

---

[24] 馮震宇、姜志俊、謝穎青、姜炳俊合著，《消費者保護法解讀》，頁 176-177
[25] 最高法院 98 年度台上字第 2273 號民事判決。

第四章　消費爭議與服務過失

第五章
消費者保護法與經營者責任

本章有二節,第一節健康與安全保障、第二節經營者責任。

第五章　消費者保護法與經營者責任

第一節
健康與安全保障

　　學者曾光華認為由於服務行為的「無形性」，因此在探討服務行為是否「符合當時專業水準合理期待之安全性」時，往往需針對「服務行為本身」進行評價，而由於「專業水準」納入消保法服務責任的判斷依據，對於「專業水準」學者認為企業經營者之行為若符合國內法令的要求，則生免責效果，惟該標準必須是國家法令所訂定，若僅是業者自行訂定行業標準，例如正字標記或符合 CAS、GMP 之標記，由於僅是業者品質之宣傳，並不能如同國家法令產生強制的效果，自不能因此免其究責[26]。

　　至於服務乃是一種無形的「勞務供給」，涉及「人之行為或活動」，所以，服務責任中關於過失與安全性欠缺之評價對象皆係「人之行為或活動」，使得二者之判斷難以區別，是否符合「可合理期待之安全性」為客觀歸責原因[27]，就「服務」而言，實與歐洲執委會於一九九０年所提出之「歐洲共

---

[26] 曾光華，行銷管理：理論解析與實務運用，第八版，前程文化事業股份有限公司，2020 年 9 月。
[27] 陳忠五，《醫療事故與消費者保護法服務責任之適用問題（下）—最高法院九０年度台上字第七０九號（馬偕紀念醫院難產案件）判決評釋》，台灣本土法學雜誌，第 37 期，頁 38-39(2002 年 8 月)。

第一節　健康與安全保障

同體服務提供人責任指令草案」採取過失責任主義（推定過失責任，該指令草案第一條第二項參照）下所樹立之標準一致[28]。

經營者將商品實際引入市場時，有義務將指示說明清楚，易言之，就是經營（管理）者運用明顯的指示、警告等，指出產品（服務）使用時之危險性並指導如何安全的使用方法。消保法及其施行細則中，與責任主體「企業經營者」概念相關之條文，僅消保法第二條第二款：「企業經營者：指以設計、生產、製造、輸入、經銷商品或提供服務為營業者」以及消保法施行細則第二條：「本法第二條第二款所稱營業，不以營利為目的者為限。」兩條文規定服務之侵權對象消費者，依消保法第 2 條第 1 項規定：「指以消費為目的而為了使用商品或接受服務者。」因此，只要是以消費為目的，從事下列三項者：（一）交易；（二）使用商品；（三）接受服務，皆屬於消費者。

至於消保法第 10 條：「企業經營者於有事實足認其提供之商品或服務有危害消費者安全與健康之虞時，應即回收該批商品或停止其服務。但企業經營者所為必要之處理，足以除去其危害者，不在此限。

---

[28] 參閱，《企業經營者對消費者侵權賠償責任制度之比較研究》，消費者保護叢書之三，頁 65，台北，行政院消費者保護委員會編印 (1995 年 8 月)。

第五章　消費者保護法與經營者責任

　　除了上述條文規定，由於健康與安全保障，消保法施行細則第五條規定可分為「服務提供上之合理使用與期待」、「標示上之說明(說明或警告上缺陷)」與「服務流通使用與後續使用」三種，說明如下：

一、服務提供之合理使用與期待

　　消保法第 7 條之規定，企業經營者於「提供服務時」，如果所提供之服務不符合「可合理期待之安全性」，並因而致生損害於他人時，即應依消保法第 7 條第 3 項之規定，負損害賠償責任，是非常明顯的嚴重服務瑕疵。

二、標示上之說明

　　以科學、具有周延性之要求予以標示、說明及使用，消費者明瞭危險性存在，而以明顯標識或易見其他方法，以求減輕損害，甚至因而有所避險，若所提供之服務可能產生一定之風險，企業經營者亦必須要提醒消費者注意。例如，電子資訊傳送之風險在於資訊經由電子傳輸，固然迅速便捷，可是有可能出現亂碼而無法辨識，否則將對相對人產生無法預測的風險，因此銀行或與客戶訂定「個人電腦銀行業務及

網路銀行業務服務契約」時,就必須提醒客戶注意。

三、服務流通使用與後續使用

經營者不僅負有於提供消費者服務時使其具有符合當時科技或專業水準之義務;更負有繼續觀察其所提供之服務結果之責任,當其發現所提供之服務有危害消費須後續觀察結果[29]。

消保法第 7 條第 1 項雖規定:「企業經營者於提供商品流通進入市場,或提供服務時,應確保該商品或服務,符合當時科技或專業水準可合理期待之安全性。」然而「符合當時科技或專業水準可合理期待之安全性」,除就同法施行細則第 4 條所列四款最終產品、半成品、原料或零組件情形認定外,對於服務之解釋上則尚無依據或標準。

黃園舒認為旅館業者服務之行為,核其性質,自提供旅館服務者觀之,固與商品無關,惟其有營利性,且與住宿旅館之安全或衛生有莫大關係,參以消費者保護法第 7 條第 1 項規定:「從事提供服務之企業經營者應確保其提供之服務無安全或衛生上之危險。」足見消保法所稱服務之性質在於消

---

[29] 黃立,〈餐廳的商品與服務責任問題─評台北地方法院八十八年度訴字第二〇三九號及同院八十八年度訴字第五四一號民事判決,月旦法學雜誌,第 83 期,頁 235-236。

費者可能由於該服務之提供陷於安全或衛生上之危險,是以提供旅館服務行為,固非屬於商品買賣交易,而屬於提供服務之關係[30]。

---

[30] 黃圓舒,「限縮消費者保護法「服務」之範圍」,司法新聲第 120 期,p.93。

第二節
經營者責任

　　對於服務符合相關法令規定或相關檢驗合格，是否即具備可合理期待之安全性一事，可發現法院判決多集中於提供服務之企業經營者的「硬體設施或設備」是否符合法令或檢驗合格之情形，因服務是無形的，服務提供之過程可能會與實體產品相關聯，但其本質上仍是無形的，故服務之提供往往會藉由某些實體設備或設施，例如，遊樂園提供之遊玩服務需藉由遊樂設施實現、住宿服務則需藉由實體的建物房間，然多數判決係肯認服務符合法令或檢驗合格即可認定系爭服務具備可合理期待安全性。

　　此外，服務具有危害消費者生命、身體、健康、財產之可能，亦應於明顯處為警告標示或緊急處理危險之方法，尤其對於已依科學、專業水準之合理期待可得認識之危險，卻因科技、專業之水準而無法予以克服迴避時，提供服務之人自有必要清楚說明之義務與責任 [31]。

　　因此，經營者的責任可分為以下兩大項：

---

[31] 黃立，〈論產品責任〉，政大法學評論，第 43 期，頁 189(1990 年 6 月)。

第五章　消費者保護法與經營者責任

一、企業經營者的防止義務

消保法第 10 條第 1 項規定:「企業經營者於有事實足認其提供之商品或服務有危害消費者安全與健康之虞時,應即回收該批商品或停止其服務。但企業經營者所為必要之處理,足以除去其危害者,不在此限。」同法第 10 條第 2 項:「商品或服務有危害消費者生命、身體、健康或財務之虞,而未於明顯處為警告標示,並附載危險之緊急處理方法者,準用前項規定。」

由於服務責任為「無過失責任」,但消保法第 7 條第 1 項亦規定,企業經營者提供商品或服務仍可藉由證明「符合當時科技或專業水準可合理期待之安全性」免責,然而基於服務具有無形性、欠缺實體的特質,因此評價服務是否欠缺安全性,即無可避免必須對「服務行為本身」進行評價,這種對行為本身進行評價的方式常訴諸一定的行為標準,因此與過失責任的概念相當接近,而導致「服務欠缺安全性」的判斷常與過失責任的歸責方法牽扯不清。因此以「專業水準」與商品責任所適用的「科技水準」進行區別,有學者更認為「專業水準」之立法,實係一定程度寓涵過失責任之意 [32]。

---

[32] 參閱陳忠五,醫療事故與消費者保護法服務責任之適用問題(下)最高法院九〇年度台上字第七〇九號民事判決(馬偕紀念醫院肩難產案)評釋,頁 50-51,2002 年 8 月。

消保法第 3 條、第 4 條、第 7 條係將商品與服務視為規範標的,因此在判斷服務是否具備可合理期待安全性時,所採取之認定即與判斷商品之可合理期待安全性的標準相同。

學者陳忠五認為安全性欠缺與否之判斷,必須從「被害人」或「消費者」的角度,依損害發生的事實是否不具有「通常可合理期待之安全性」加以認定,此之「被害人」或「消費者」,不是某具體被害人或特定之消費者,而是抽象潛在的第三人或一般消費大眾;因而,在判斷安全性是否欠缺時,必須採取所謂的「外行人判斷標準」,此一標準即是:通常欠缺專業知識、經驗、技術或水準之一般第三人,所能合理期待的安全水準[33]。

二、消保法第 7 條歸責性質

依消保法第 7 條第 1 項之規定,企業經營者應「確保」提供之商品或服務符合當時科技或專業水準之合理期待安全性。就文義上之解釋似乎宣示服務責任屬於無過失責任,而且屬於一種「絕對責任」、「擔保責任」或「結果責任」,只要消費者與第三人因服務受有損害,依同法第 3 項,企業經營

---

[33] 參閱陳忠五,醫療事故與消費者保護法服務責任之適用問題(下)最高法院九0年度台上字第七0九號民事判決(馬偕紀念醫院肩難產案)評釋,頁 50-51,2002 年 8 月。

第五章 消費者保護法與經營者責任

者即須負擔損害賠償[34]。而同法第 3 項增訂但書:「企業經營者能證明其無過失者,法院得減輕其賠償責任」。依該但書觀之,原則上商品服務責任仍屬無過失責任並無疑義,但企業經營者可依該書責任減輕之規定,證明自己無過失,以減輕賠償責任,故該但書係為適度調節無過失責任對企業經營者所生之衝擊,而為衡平的法律規定[35]。

何謂可合理期待之安全性,旅宿業具有服務品質標誌,例如,星級觀光旅館的標章,通常是指該服務具備一定的特性,並非必然說明其具備較高的使用安全性,因此具備此種服務標章的企業經營者,也可能提供有缺陷的服務,亦仍須就其所生之損害負責[36]。

歸納上面文獻,企業經營者不須對商品或服務具有「當時科技或專業水準不能發現之危險」負損害賠償責任,惟依消保法第 10 條,企業經營者對商品或服務負有後續觀察義務,如商品或服務在流通進入市場之後,對消費者具有危險

---

[34] 2003 年 1 月 22 日立法院修訂消保法,修正前該法第 7 條第 1 項規定:「從事設計、生產、製造商品之企業經營者,應確保其提供之商品無安全上之危險」,修正後為:「從事設計、生產、製造商品或提供服務之企業經營者,於提供商品流通進入市場、或提供服務時,應確保該商品或服務,符合當時科技或專業水準可合理期待之安全性。」

[35] 陳忠五 (2003),〈二○○三年消費者保護法商品與服務責任修正評論—消費者保護的「進步」或「退步」?〉,《台灣本土法學雜誌》,50 期,頁 33-34。

[36] 黃立,餐廳的商品與服務責任問題—群台北地方法院八十八年度訴字第二○三九號及同院八十八年度訴字第五四一號民事判決,月旦法學雜誌,第 83 期,頁 236(2002 年 4 月)。

第二節　經營者責任

性,該項服務如果具有危險,即應立即停止或為必要處置。

綜上所述,「欠缺安全性」之歸責事由描述,可理解我國商品服務責任並非完全「無過失責任」、「結果責任」,有學者認為,企業經營者可藉由二種方式減緩危險結果之負擔:(一)證明自己無過失以減輕責任;(二)證明自己提供之服務符合「當時專業水準之抗辯」或證明該危險為「發展上之危險」,以此免責,因此該歸責僅可說是一種「輕度的無過失責任」[37]。

---

[37] 參閱 https://jianlyu.lawyer/2018/01/06/%E6%B0%91%E4%BA%8B%E9%81%8E%E5%A4%B1%E7%9A%84%E6%A8%99%E6%BA%96%E6%8A%B-D%E8%B1%A1%E8%BC%95%E9%81%8E%E5%A4%B1%E3%80%81%E5%85%B7%E9%AB%94%E8%BC%95%E9%81%8E%E5%A4%B1%E3%80%81%E9%87%8D%E5%A4%A7%E9%81%8E/(最後瀏覽日:2023/04/21)

案例：
台灣高等法院 90 上易字第 570 號
—— 含毒肉鬆致死案

一、事由

　　○○上訴人之母親○○○於○○年○○月○○日購買被上訴人製造之「豬肉酥」，於同年十二月十日開罐食用，當晚七時許出現昏迷、嘔吐等症狀。系爭肉鬆所含陶斯松農藥之量（0.24PPM）雖屬微量，不足以造成死亡結果，死者年老體弱、患有高血壓及糖尿病，食用系爭肉鬆後即發生縮瞳、神智模糊、嘔吐、呼吸困難、四肢無力不能言語、腹痛、血壓上升等併發症，最後因心臟衰竭死亡，與行政院衛生署榮民總醫院臨床毒藥物防治諮詢中心推廣教材「常見毒藥物中毒急診手冊」所載：「大量迅速吸收有機磷酸極易由腸道及皮膚吸收」等情相符，○○○食用系爭肉鬆後所呈現引發之症狀大致相符。

案例：台灣高等法院90上易字第570號—含毒肉鬆致死案

二、上訴人

死者係因服用含有陶斯松之肉鬆所致，長期食用肉鬆後嘔吐引發高血糖、血壓下降、肺水腫等症狀，與陶斯中毒之症狀相符，最終於○○年○月○○日因心臟衰竭去世，故被上訴人應負消費者保護法第七條商品製造人責任及民法第一百八十四條之損害賠償責任等情，此為被上訴人所否認。

上訴人主張：其因罹患糖尿病，代謝較差，故服用少量陶斯松後很難自體內排出，因而引發腹瀉、嘔吐，並進而引發血壓上升導致死亡，因○○醫院並無糖尿病患對有機磷農藥代謝之資料，故○○醫院之鑑定不可採等情。

三、被上訴人

被上訴人則以：伊於製造系爭肉鬆之原料及製程中均未使用陶斯松農藥，系爭肉鬆驗出含有陶斯松，應係受環境污染所致。○○醫院之鑑定意見已認定上訴人之病症與陶斯松中毒無關連，故其所受損害與食用系爭肉鬆並無因果關係，伊自不負賠償之責等語，資為抗辯。

伊產製之肉鬆與標朱的內容物相同，同一批次之肉鬆經檢驗均不含陶斯松農藥，且伊亦將死者家屬爭執之白豆粉送

驗,亦未檢出陶斯松之成份,故開封後之系爭肉鬆檢驗出含有陶斯松農藥應係受環境污染所致,與伊無涉云云置辯,並提出○○縣衛生局函為憑。惟查系爭肉鬆於開封後確經檢驗測出含有陶斯松 0.24PPM,已如上述,則被上訴人就其主張:應係受環境污染所致云云,自應由其就此積極事實負舉證責任,惟被上訴人並未舉證以明,故被上訴人所辯,殊不足採,仍應認定被上訴人產製之系爭肉鬆內含有陶斯松 0.24PPM 之事實。

四、爭點

死者由於三餐食用某品牌肉鬆,其死因系爭可否歸之於長期食用肉鬆含陶斯鬆農藥(0.24PPM)所致。

五、法院判決

我國學者朱柏松先生認為:我國消費者保護法及施行細則中均未規定,不過一旦科技水準在現行法令體系已有明文加以揭載,依法令應對所規範之事實生強制作用之原則;但是,如果科技水準僅係由民間,例如工業同業公會或品質保證協會所加以確立者,應不必然使之發生法規範上之作用

案例：台灣高等法院90上易字第570號──含毒肉鬆致死案

(朱柏松先生著上揭書第一○○至一○二頁參照)。

死者在送醫急診時，是套著氧氣罩」，可見李○○於平常有過病危情形，否則其家人何以備妥醫療設備？又兩造於原審時已同意將系爭案件送請○○醫院鑑定，則○○醫院之鑑定結論認為本件中毒與陶斯松無關，即足採信。依榮總毒物諮詢中心之函覆，亦可知本件與陶斯松中毒無關。

查被上訴人產製之系爭肉鬆內雖含有陶斯松0.24PPM，惟含量符合商品流通市場時我國行政院生食品衛生處所為最大許可濃度之規範，詳如上述，尚難認被上訴人產製系爭肉鬆像不法行為。此外，上訴人復未舉出任何積極證據證明被上訴人有任何故意或過失之情；肉鬆內雖含有陶斯松，惟含量符合流通市場時之我國行政院衛生署公告最大許可濃度之規範，是系爭肉鬆顯然不具有衛生上之危險。從而上訴人基於消費者保護法第七條規定，主張被上訴人應負商品製造人責任。

第五章　消費者保護法與經營者責任

第六章
消費者權益與法律效果

第六章　消費者權益與法律效果

第一節
消保法之消費者權益

　　政府於八十三年一月通過消保法,開創了我國保護消費者的新紀元:不過,由於該法通過時過於倉促,都是在所謂的「黨政協商」的原則下通過,並無任何立法理由可循,因此,亦導致許多的爭議。

　　由於服務業包羅萬象,而消保法僅規定企業經營者應確保其提供之商品或服務無安全或衛生上的危險,幾乎涵蓋社會上各種樣態的服務業,例如醫療服務、健身、美容美髮等,都可能紛紛納入消保法領域範圍,而若是與消費者安全衛生有關的,就可能與商品製造人一般,負起無過失責任[38]。因此,消保法最引發爭議的一個問題,就是是否有形商品與無形之服務都一併適用無過失責任的問題,也就是消保法是否對服務業課以無過失責任消保法所規範的免責規定是否適當等問題[39]。

　　旅宿環境欠缺安全性而使消費者之生命、身體健康或財產因此受到損害,只要消費者能證明其所受之損害與未具安

---

[38] 陳聰富,消保法有關服務責任之規定在實務上之適用與評析,國立臺灣大學法學論叢,30卷1期,2001年1月,第85頁。
[39] 7. 郭麗珍,商品之通常使用、可期待之合理使用及被害人與有過失之判斷,月旦法學雜誌,53期,2016年9月,第31頁。

第一節 消保法之消費者權益

全性之服務間有因果關係,服務提供人即須負損害賠償責任。由此觀之,旅宿業者有無違反提供安全住宿環境之行為義務判斷其所提供之服務是否有安全性之欠缺。服務無過失責任就服務欠缺安全性之認定,有其客觀歸責事由之規範,即業者從事營業而有承擔防範危險的義務,基於侵權行為法旨在防範危險原則,發生所謂「交易安全義務」,而有從事一定作為的義務,若旅宿業者違反之,可能因不作為而成立侵權行為[40]。

此外,王澤鑑教授認為,關於消保法第 7 條企業經營者無過失責任的舉證責任,應依一般原則及消保法規定定之,即被害人應舉證證明:①商品屬消保法施行細則第 4 條所定之範圍;②設計、製造、生產商品的企業經營者;③商品流通進入市場;④其係該條所稱消費者或第三人;⑤權益侵害與商品欠缺安全性有因果關係。反之,企業經營者則就商品期待的安全具有符合當時科技水準可合理性負舉證責任[41]。

這些判斷因素雖然並非絕對的因素,但是卻對於法院在處理專業人士就其服務是否應負無過失責任時,可以幫助法院考慮立法目的、社會利益與原被告利益等不同的因素,作

---

[40] 我國學說上認為,所謂「交易安全義務」而有從事一定作為的義務,其主要情形之一,為因從事一定營業或職業而承擔防範危險的義務,如百貨公司應採必要措施維護安全門不被阻塞。楊佳元 (2005),〈侵權行為過失責任之體系與一般要件〉,《臺北大學法學論叢》,56 期,頁 220-221。

[41] 王澤鑑,「侵權行為法」,自版,2010 年,第 709 頁。

第六章 消費者權益與法律效果

參考的決定。

　　進一步言之，消保法第八條的意義內涵是，在從事經銷的企業經營者銷售商品或提供服務時，如果因為該商品或服務所造成的損害，消費者需要向設計生產製造商或提高供服務的企業經營者請求賠償時，這些企業經管者連帶負擔賠償責任。所以，如果消費者因為經銷商所銷售的商品或提供的服務而遭受損失，並且這些商品或服務的損害是由設計生產製造商或服務提供者造成的，消費者可以向任何一方請求賠償，而這些企業經營者也必須承擔連帶賠償責任；這項條文的好處在於，它可以減少消費者追究賠償責任的難度和成本，增強消費者的保護力度，也可以迫使企業更加謹慎地選擇供應商和調整產品或服務設計，從而減少商品或服務所產生的損害，須要注意的是消費者在向企業經營者請求賠償時，應當提供充分的證據證明其所遭受的損害與商品或服務有關[42]。

---

[42] 曾品傑，臺灣商品負責法之發展——以消費者保護法上之商品責任為中心，成大法學，23期，第27頁，2012年06月。

第二節
消保法之法律效果

　　由於消保法施行細則僅對商品加以定義，但並未對「服務」作任何定義，也未做任何除外規定，所以只要是以提供服務為營業者，亦為受到消保法所規範的企業經營者。因此，不但與商品有關的服務業（如運輸業、流通業量販業、百貨業、零售業、進口業等），要負無過失責任，其他與商品無關的服務業（如金融保險、律師、會計師、旅宿業等），只要與消費者安全衛生有關，理論上都可能要依據消保法對其所提供服務之瑕疵負起責任。如果與消費者之損害與商品或服務之危險有相當之因果關係，企業經營者就必須根據第七條之規定，對消費者負起無過失責任，並賠償消費者之損失；此外，若消費者又能證明企業經營者有故意或過失，消費者不但可以請求賠償所受的損害，還可以另外再請求五倍（故意）、三倍（重大過失）或是一倍（過失）以下的懲罰性損害賠償[43]。

　　消保法所謂的消費，並非純粹經濟學理論上的一種概念，而是事實生活上之一種消費行為。其意義包含以下二

---

[43] 許政賢，「消費者死亡案例類型之懲罰性賠償金——最高法院108年度台上字第1750號民事判決」，裁判時報，104期，第25-32頁，2021年2月。

第六章　消費者權益與法律效果

項：(一)為達成生活目的之行為，凡像基於求生存、便利或舒適之生活目的，在食衣住行育樂方面所為滿足人類慾望之行為；(二)像直接使用商品或接受服務之行為，雖無固定模式，惟消費和生產是兩個相對的名詞，不再用於生產之情形下所為之最終消費[44]。行政院消費者保護委員會 84 年 4 月 6 日台 84 消保法字第 00351 號函亦指出消保法所稱之消費，係指不再用於生產情形下之「最終消費」而言。綜上所述，若消費之目的在於繼續投入生產時，就不是消保法適用範圍之消費，但在實務上亦有不同的見解。

此外，最高法院 93 年台上字第 2021 號民事判決：「消保法中關於商品概念及範圍，及於半成品、原料、或零組件，而半成品、原料、零組件係製造者為生產之需要所為之消費，當該半成品、原料、零組件具有危險性，致生損害於生產線上之製造者或生產者時，該購買或使用半成品、原料、零組件之消費者，仍得依消保法向製造、經銷半成品、原料、零組件之企業經營者請求賠償，是以消保法之消費，並未排除以生產為目的之商品消費，尚不能因所謂消費來為定義，僅依文字用語為限縮解釋，而認係最終產品之消費而已。」

所以，就企業經管者提供之服務所造成消費者之損害，

---

[44] 曾品傑，「論消費者保護法上之服務責任最高法院相關判決評釋」，財產法暨經濟法，12 期，第 53-113 頁，2007 年 12 月。

歐陸及英美之立法或裁判,大都以該企業經營者有故意或過失,為其應負賠償責任之要件,但台灣消保法卻於第 7 條規定無過失之服務責任。

從消保法之規定而言,企業經營者原則上要對其所設計、生產、製造之商品或所提供之服務負無過失責任;但並不是所有的企業經營者都必須絕對負無過失責任,消保法仍有例外的規定。例如消保法在施行細則第五條中,就本法第七條之「安全或衛生上之危險」加以明確定義,規定「商品於其流通進入市場,或服務於其提供時,未具通常可合理期待之安全性者,為本法第七條第一項所稱安全或衛生上之危險,但商品或服務已符合當時科技或專業水準者,不在此限。」因此,從文義解釋而言,似乎不論是商品或服務,企業經營者都可以主張施行細則第五條所提供的抗辯減輕其責任。

第六章　消費者權益與法律效果

案例：
台灣高等法院 94 年度上易字第 248 號 ── 通勤學生摔車案

一、事由

被上訴人於○○年○月○○日，自○○車站火車搭乘，因車身搖晃且車門未關，致行車間將被上訴人拋出車外，鐵路局負有關閉車門並保持行車中車門關閉之義務，竟過失未為之，造成被上訴訴人摔落車外，受有頭部外傷合併嚴重腦挫傷、開放性顱骨骨折、左側額骨骨折、臉部、頭部撕裂傷及暫時失語症等傷害。

二、上訴人（鐵路局）

被上訴人發生墜車事故，並非肇因於車門無法關閉之緊急危險所致，無消費者保護法之適用被上訴人發生墜車事故，係因伊於車未停妥前，即離開車廂站在車門口，且自行打開車門所致，此由證人○○○筆錄證言可知，被上訴人係

自行走到車門邊,被上訴人原審庭訊時自承;「我旁邊沒有人」,且依證人○○○於本院證言可知,系爭車輛於○○站出站前車門確有關好,可知上訴人並無管理上之瑕疵,況上訴人業於車門附近設立警告標示·依因果關係理論可知,若被上訴人無前開行為,則必不會發生墜車之事故,足見本件事做純屬被上訴人個人行為所致與上訴人並無關聯,並無消保法之適用。

三、被告上訴人(高中生)

被上訴人主張上訴人用以載客系爭列車之車廂屬老舊之手動拉門車廂,並非自動門,不具備符合現今科技或專業水準可合理期待之安全性,且遇有行車時車門未關閉之緊急狀況,未於明顯處標示警告標示及緊急處理危險之方法等語,其搭乘列車在進入○○車站前因車廂車門未關閉,系爭列車進站前震動造成伊摔落車外受傷。

四、爭點

(一) 被上訴人主張於○○年○月○○日,自○○車站上車搭乘上訴人鐵路局南下平快列車至○○車站,該火車

於○○車站進站前,被上訴人自車門摔落車外,造成被上訴人頭部外傷合併嚴重腦挫傷、開放性顱骨骨折、左側額骨骨折、臉部、頭部撕裂傷及暫時失語症狀等傷害之事實。

(二)上訴人主張本案不適用消保法。

(三)若過失傷害或立,則過失傷害之比例分配應如何判定?

五、法院判刑

(一)是企業經管者縱使主張其無過失可言,亦無法免責。惟企業經管者得依據消保法第 7 條之 1 規定,主張其提供之服務合於通常可合理期待之安全性或提供服務時符合科技專業水準,藉以免除其損害賠償責任,此為無過失責任之限制·是本院自應審究上訴人所提供之運送服務,是否符合當時科技或專業水準可合理期待之安全性者,如是,始能免除其損害賠償責任·查,本件上訴人係以提供運送服務為管業者,被上訴人則係以消費為目的而接受上訴人所提供之運送服務,被上訴人就上訴人所提供之運送服務所生之爭議,自為消費者保護法所規範之對象,上訴人抗辯本件無消保

案例：台灣高等法院 94 年度上易字第 248 號—通勤學生摔車案

法之適用，洵無可採。

(二) 中學生，並定期搭乘火車通勤上學，按理應知列車於進站前因煞車等因素，常有晃動之情形，且上訴人於系爭列車各節車廂近通道處，均張貼警告標示勸導乘客於列車未停止勿站立車門，乃被上訴人疏未遵守，於系爭列車尚未完全停止前站立車門，因而生墜車意外，應認被上訴人就本件事故之發生與有過失。上訴人雖主張系爭車門係被上訴人急於下車所開啟，此為被上新訴人所否認，上訴人復未舉證證明開啟車門者係被上訴人(其於本院請求訊問之證人涂高夫、賴朝曦、江龍萬均不能證明開啟車門者係被上訴人)，其主張自非可採。本院斟酌事故發生情節及被上訴人之過失情形，認被上訴人應負擔 40% 之過失責任，則其前開所得請求之部分，經酌減 40% 後為 971,118 元 (計算方式為：[290,995+927,535+400,000]×60%=971,118)。

將消保法印證至實際旅宿業的法律層面，旅客住宿期間所面臨的安全風險，如火災、盜竊、天氣災害等，就服務安全性方面而言，業者應該注意其後續的法律效果，包括下列五項[45]：

---

[45] https://www.businessweekly.com.tw/focus/indep/1002763

第六章　消費者權益與法律效果

(一) 消防安全：旅宿業的建築物必須符合消防規範，配備消防器材和緊急疏散路線，並且要定期檢查消防器材的運作狀況，確保旅客的生命財產安全。

(二) 安全防盜：旅宿業要加強安全防盜措施，如安裝閉路電視監控系統、進出門禁系統等，尤其是對於旅客的財物要進行有效的保管和保障。

(三) 食品安全：旅宿業提供的食品必須符合衛生標準，並且要對食品進行嚴格的控制和管理，避免出現食品安全問題。

(四) 環境安全：旅宿業要注意環境安全，確保旅客的生活環境乾淨、整潔、舒通減少對旅客健康的不良影響。

(五) 服務品質安全：旅宿業提供的服務必須符合相關法律法規和標準，如提供安全健康的床品、毛巾等，並且要定期進行消毒和更換，避免傳染病毒。

上述五項是有關住宿旅客的權益，旅宿業者必須善加注意，以免嚴重產生法律後果需加以理賠。

第七章
旅宿業服務安全性與消費者保護法

第一節
台灣旅宿業發展與管理法源

（一）台灣旅宿業發展

觀光旅遊業為文化及自然產業、具有運輸交通、飯店、美食餐飲、購物及休閒等整合性功能；因此旅宿業的服務品質，客房數量，經營管理對觀光發展影響更大。

根據世界觀光旅遊委員會的統計[46]，2010 至 2020 的旅遊觀光金額及成長率如下表 4 所示，可見未來此產業仍然繼續成長中。

表 4　世界旅遊及觀光業現況統計

西元（年）	2010			2020		
數字項目	億美元（概數）	佔全部比率	成長比率	億美元（概數）	佔全部比率	成長比率
單人旅遊	32000	8-9%	1.5-2%	58000	8-9%	4-4.1%
商務出差	8200	1-1.5%	-1.5--2%	16000	1.3-1.4%	4.3-4.4%

---

[46] https://www.tva.org.tw/Trends?k2=0

西元（年）	2010			2020		
估計旅行及需求	75000	9.4-9.5%	1.1%	150000	9.4-9.5%	4.6-4.7%
旅遊業直接GDP	20000	3.2-3.3%	0.6-0.7%	40000	3.2-3.3%	4.0-4.1%
旅遊業間接GDP	58000	9-9.2%	0.4-0.5%	100000	9.5-9.6%	4.3-4.4%
旅遊業直接就業人口（萬人）	8200	2.8-3.0%	-0.1--0.2%	10000	3.1-3.2%	2.4-2.5%
旅遊業相關就業人口（萬人）	24000	8.0-8.1%	-0.2--0.3%	30000	9.1-9.2%	2.4-2.5%

台灣旅宿業由於隨著經濟、文化及社會變遷等影響，其營運有 11 種不同的業態，如下表 5 所示：

表 5　台灣旅宿業類別

項目	旅宿類別	簡易說明
1	商務旅館 Commerical	以商務住宿功能為主，有小型會議室及辦公設備。
2	會議旅館 Convention	有完整會議設施提供開會住宿。

第七章　旅宿業服務安全性與消費者保護法

項目	旅宿類別	簡易說明
3	休閒度假旅館 Resort	位於風景名勝區,或受季節影響,客戶流量有明顯淡旺季。
4	過境旅館 Transient	設於機場附近,供出入境旅客或航空公司員工用。
5	汽車旅館 Motel	一房一車庫,提供休息與住宿。
6	渡假村旅館 Villa	庭園別墅(獨棟),大部份提供渡假。
7	營地住宿 Camp	地點多設於公園或森林遊樂園。
8	溫泉旅館 Spring	以療養、休閒、精緻為號召,溫泉泡湯。
9	民宿	提供特色房間和簡易早餐給自助旅行或學生。
10	背包宿 Youth	多以自助旅行的青年為服務對象,多人通舖、設備平實。
11	精品旅館 Boutique	設有管家服務及家庭飲食(晶華1st、加賀屋特色)。

　　根據台灣交通部觀光局 2010 年 11 月觀光旅宿業的經營情況,2009 年觀光旅館工作人數約有 25 萬人,餐飲部佔比最高,其次為住宿及服務管理部門,觀光旅館住宿率超過六成,房價約三千元,總營業產值達新台幣超過台幣 300 億元。

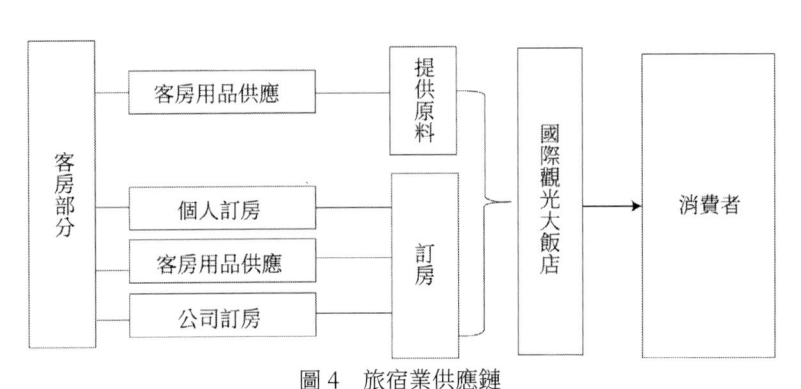

由於這麼龐大的商機，其上中游的供應鏈如圖 4 所示。

圖 4　旅宿業供應鏈

從經濟部 2010 年的統計旅宿及觀光產業，2009 年收入超過 40 億台幣，外匯觀光收入近六成，本地旅遊消費支出四成左右。

(二) 旅館業管理規則

依據交通部 110 年 9 月 6 日修正發布之【旅館業管理規則】規定：旅館業係指觀光旅館業以外，對旅客提供住宿·休息及其他經中央主管機關核定相關業務之營利事業。

旅宿業依業務為分類標準而定義為：凡經管公眾歇宿之旅館、客棧、及其他寄宿而不定契約之場所等行業均屬之，其類別界定可表示如圖 6：

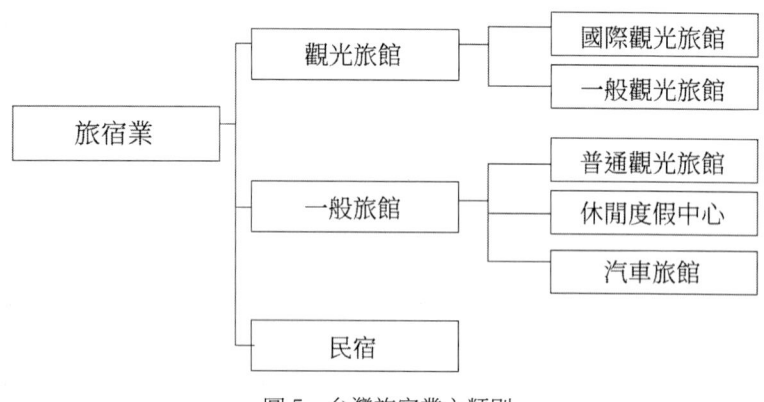

第七章　旅宿業服務安全性與消費者保護法

```
旅宿業 ─┬─ 觀光旅館 ─┬─ 國際觀光旅館
        │            └─ 一般觀光旅館
        ├─ 一般旅館 ─┬─ 普通觀光旅館
        │            ├─ 休閒度假中心
        │            └─ 汽車旅館
        └─ 民宿
```

圖 5　台灣旅宿業之類別

　　圖 5 中並不包括成長中的民宿業，一般而言，民宿利用自用住宅空房、結合當地人文、自然景觀、生態、環境資源及農林漁牧生產活動，以家庭制業方式經營。

　　至於觀光旅館及一般旅館，由於觀光旅館業之建築設備標準不同，從交通部觀光局「觀光旅館業管理規則」規定，又再區分為「國際觀光旅館」與「一般觀光旅館」。

　　臺灣觀光飯店業之專業管理法令為「發展觀光條例」及「觀光飯店業管理規則」，依據台灣發展觀光條例、住宿產業分為以下三類如表 6，

第一節　台灣旅宿業發展與管理法源

表6　台灣觀光條例住宿產業分類表

項目	旅館類別		申請制	法源	地方主管機關	中央
1	觀光旅館	國際觀光旅遊業	許可制	觀光旅館業管理規則	交通部觀光局	交通部觀光局
		一般觀光旅遊業				
2	旅館業		登記制	旅館業管理規則	縣市政府或直轄區政府	
3	民宿家庭副業	一般（8間-240m2以下）		民宿管理辦法		
		特色（15間-300m2以下）				

083

第二節
旅宿業管理法源與消費者保護法

1962年美國總統甘迺迪提出「特別諮文」中揭示消費者應有四種基本權利:「享有安全之權利 (The right to safety)、享有資訊的權利 (The right to be informed)、享有選擇之權利 (The right to choose)、及被重視之權利 (The right to be heard)。

有關消保法立法的背景,乃是考察我國消費社會的性質與背景,同時亦受諸外國立法例之啟示,認為對於服務業者,毫無區別地課以無過失責任,不但使這一規範欠缺合理性,同時未對服務二字作定義或概念,亦對於事理不盡恰當[47]。

就商品及服務責任之性質,消保法係採侵權責任,因民法上商品責任乃侵權責任,而消保法作為保障消費者的特別法,體系上應維持該責任性質以免弱化被害人保護。

事實上,對「服務」的界定,根據消保法的歷史資料,提到當時「研修小組」對於「服務」之規定,修正為甲乙兩案,甲案為對「服務」不設任何解釋條文,其理由為服務無過失責任為我國消保法所創,因欠缺相關案例及立法例,對服務之概念,難以周詳而嚴謹的界定,宜讓諸法院及學說依社會經

---

[47] 黃園舒,「限縮消費者保護法「服務」之範圍」,司法新聲第120期

濟發展及保護消費者之需要決定之。乙案則參考歐洲共同市場一九九０年服務責任指合建議草案,界定「服務」為:「本法第七條第一項所稱服務,指非以生產或製造商品或移動物權或智慧財產權為客體之勞務」,惟於討論之後,施行細則決定採取甲案,不對「服務」加以任何定義,留待法院與學說加以發展[48]。

因此從消保法規範企業在向消費者提供商品和服務時,應承擔的規範責任包括以下幾個方面 [49]:

(一) 商品資訊的真實性和完整性責任:企業應該提供真實、完整、明確、易於理解的產品資訊,不得隱瞞重要信息或使用虛假、誇大的宣傳方式,並承擔相應的責任。

(二) 商品品質的保證責任:企業在商品生產、銷售、提供服務過程中應該保證商品的質量、安全性和功能等方面符合國家法律法規和相應標準,並承擔相應的質量保證責任。

(三) 商品維修、退換貨責任:企業應該在商品銷售過程中對商品維修、退換貨承擔責任,保障消費者的合法權益。

---

[48] 《消費者保護法施行細則研訂資料》,頁 120。
[49] https://law.moj.gov.tw/LawClass/LawSingle.aspx?pcode=J0170001&flno=7

(四) 違約責任：企業在商品銷售和服務提供過程中，如有違反合同、不履行約定或不當延期等行為，應承擔相應的違約責任。

所以消保法對企業在商品銷售和服務提供過程中的行為作出了明確規定，企業應該在提供商品和服務時，遵循誠信原則，保障消費者的權益承擔相應的規範責任；以下列二項機制的建立尤其重要[50]，包含：

(一) 消費者權益的保障：企業應該尊重消費者的權利，包括有權利獲得公正合理的價格、商品品質、商品維修、退貨、維護個人隱私等方面的權利，以保護消費者的權益。

(二) 責任追究機制的建立：消費者有權通過投訴、申訴、訴訟等方式維護自己的權益，並可要求企業承擔相應的法律責任，如退貨、賠償損失等。消保法的服務內涵是以保障消費者權益為主要目的，從多個方面規範了企業在商品銷售、廣告宣傳等方面應承擔的責任，為消費者提供了維護自己權益的法律保障。

將上述法理，對照台灣旅宿業管理規則與服務安全性有關之條例，可得下表所示：

---

[50] https://www.mohw.gov.tw/dl-15586-2b56802c-3381-4334-8b9f-55988dddad4c.html

第二節　旅宿業管理法源與消費者保護法

表 7　台灣旅宿業管理規則與服務安全性有關之條例

旅宿業別	服務安全性管理規則與內容
觀光旅宿業管理規則 （民 110.06.27）	**第 24 條** 觀光旅館業知悉旅客有下列情形之一者，應即為必要之處理或報請當地警察機關處理： 一、有危害國家安全之嫌疑者。 二、攜帶軍械、危險物品或其他違禁物品者。 三、施用煙毒或其他麻醉藥品者。 四、有自殺企圖之跡象或死亡者。 五、有聚賭或為其他妨害公眾安寧公共秩序及善良風俗之行為，不聽勸止者。 六、有其他犯罪嫌疑者。 **第 25 條** 1. 觀光旅館業知悉旅客罹患疾病或受傷時，應提供必要之協助。 2. 消防或警察機關為執行公務或救援旅客，有進入旅客房間之必要性及急迫性，觀光旅館業應主動協助。 **第 43 條** 2 前項人員工作時，應穿著制服及佩帶有姓名或代號之胸章，並不得有下列行為： 一、代客媒介色情、代客僱用舞伴或從事其他妨害善良風俗行為。 二、竊取或侵占旅客財物。 三、詐騙旅客。 四、向旅客額外需索。 五、私自兌換外幣。

第七章　旅宿業服務安全性與消費者保護法

旅宿業別	服務安全性管理規則與內容
旅館業管理規則 （民 110.09.06）	**第 9 條** 1. 旅館業應投保之責任保險責任範圍及最低保險金額如下： 一、每一個人身體傷亡：新臺幣三百萬元。 二、每一事故身體傷亡：新臺幣一千五百萬元。 三、每一事故財產損失：新臺幣二百萬元。 四、保險期間總保險金額每年新臺幣三千四百萬元。 **第 21 條** 旅館業應將其客房價格、旅客住宿須知及避難逃生路線圖，掛置於客房明顯光亮處所。 **第 24 條** 旅館業應依登記證所載營業場所範圍經營，不得擅自擴大營業場所。 **第 25 條** 1. 旅館業應遵守下列規定： 一、對於旅客建議事項，應妥為處理。 二、對於旅客寄存或遺留之物品，應妥為保管，並依有關法令處理。 三、發現旅客罹患疾病時，應於二十四小時內協助其就醫。 四、遇有火災、天然災害或緊急事故發生，對住宿旅客生命、身體有重大危害時，應即通報有關單位、疏散旅客，並協助傷患就醫。

第二節　旅宿業管理法源與消費者保護法

旅宿業別	服務安全性管理規則與內容
旅館業管理規則 （民 110.09.06）	**第 26 條** 旅館業及其從業人員不得有下列行為： 一、糾纏旅客。 二、向旅客額外需索。 三、強行向旅客推銷物品。 四、為旅客媒介色情。 **第 27 條** 旅館業知悉旅客有下列情形之一者，應即報請當地警察機關處理或為必要之處理： 一、攜帶槍械或其他違禁物品。 二、施用毒品。 三、有自殺跡象或死亡。 四、在旅館內聚賭或深夜喧嘩，妨害公眾安寧。
民宿管理辦法 （民 108.10.09）	第 6 條 一、民宿消防安全設備應符合地方主管機關基於地區及建築物特性，依地方制度法相關規定制定之自治法規。 二、地方主管機關未制定前項規定所稱自治法規者，民宿消防安全設備應符合下列規定： （一）每間客房及樓梯間、走廊應裝置緊急照明設備。 （二）設置火警自動警報設備，或於每間客房內設置住宅用火災警報器。 （三）配置滅火器兩具以上，分別固定放置於取用方便之明顯處所；有樓層建築物者，每層應至少配置二具以上。

第七章　旅宿業服務安全性與消費者保護法

旅宿業別	服務安全性管理規則與內容
民宿管理辦法 （民 108.10.09）	第 7 條 民宿之熱水器具設備應放置於室外。但電能熱水器不在此限。 第 26 條 民宿經營者應將房間價格、旅客住宿須知及緊急避難逃生位置圖，置於客房明顯光亮之處。 第 29 條 民宿經營者發現旅客罹患疾病或意外傷害情況緊急時，應即協助就醫。 發現旅客疑似威染傳染病時，並應即通知衛生醫療機構處理。 第 30 條 民宿經管者不得有下列之行為： 一、以叫嚷、糾纏旅客或以其他不當方式招攬住宿。 二、強行向旅客推銷物品。 三、任意哄抬收費或以其他方式巧取利益。 四、設置妨害旅客隱私之設備或從事影響旅客安寧之任何行為。 五、擅自擴大經營規模。

第二節　旅宿業管理法源與消費者保護法

旅宿業別	服務安全性管理規則與內容
民宿管理辦法 （民 108.10.09）	**第 31 條** 一、確保飲食衛生安全。 二、維護民宿場所與四週環境整潔及安寧。 三、供旅客使用之寢具，應於每位客人使用後換洗，並保特清潔。 四、辦理鄉土文化認識活動時，應注重自然生態保護、環境清潔、及公共安全。 五、以廣告物、出版品、廣播、電視、電子訊號、電腦網路或其他業者，刊登之住宿廣告，應載明民宿登記證編號。 **第 32 條** 民宿經營者發現旅客有下列情形之一者，應即報請該管派出所處理。 一、有危害國家安全之嫌疑。 二、攜帶槍械、危險物品或其他違禁物品。 三、施用煙毒或其他麻醉藥品。 四、有自殺跡象或死亡。 五、有喧嘩、聚賭或為其他妨害公眾安寧、公共秩序及善良風俗之行為，不聽勸止。 六、未攜帶身分證明文件或拒絕住宿登記而強行住宿。 七、有公共危險之虞或其他犯罪嫌疑。

第七章　旅宿業服務安全性與消費者保護法

第八章
服務過失之法律爭議案件實務

本章有七個案例,案例一颱風天鐵板砸車案、案例二婚宴海鮮中毒案、案例三房客使用跑步機休克死亡案、案例四行走鋁製斜板案、案例五住客摔倒游泳池案、案例六未入住詆毀民宿案、案例七總統套房跌倒案。

第八章　服務過失之法律爭議案件實務

案例一：
颱風天鐵板砸車案
──研析台灣高等法院台中分院 106 年度上易字 291 號民事判決

一、本案事實

原告於 104 年 9 月 28 日入住臺中○○商旅五權館，原告將新購入之瑪莎拉蒂汽車停放於停車場內，適逢杜鵑颱風過境，該館設置於地面覆蓋水表之鐵片遭強風吹起而砸擊原告停放之轎車，致使該車輛因而受損。

（一）原告主張

被告○○商旅公司明知颱風過境期間，應注意館區地上物之設置、管理是否得當，俾能確保住宿消費者之生命、身體、財產安全，卻未注意，致○○商旅五權館內設置於地面、覆蓋水表之大型鐵片，在強風吹襲下，砸擊原告停放於該館區停車場內之新購瑪莎拉蒂系爭車輛。

原告所有系爭車輛因被告公司之重大過失致嚴重毀損，原告得依民法第 184 條第 1 項、第 2 項前段、第 606 條、及

案例一：颱風天鐵板砸車案─研析台灣高等法院台中分院106年度上易字291號民事判決

消費者保護法第7條第1項、第3項、第51條規定，請求被告連帶賠償。

原告所有之系爭車輛遭系爭鐵片砸擊受損間，尚相隔約一個小時，而系爭鐵片所在位置距櫃台甚近，然該將近一個小時期間，被告公司均無人出面處理該處於危險狀態之系爭鐵片，致系爭車輛因此受損，實難認被告提供之服務，符合當時科技或專業水準可合理期待之安全性。

原告因系爭車輛毀損支出修復費用新台幣40萬5,123元，且原告居住於臺中市區，在卓蘭之牙醫診所擔任牙醫工作，車輛修復期間均須仰賴計程車十分不便，依消費者保護法第51條規定另請求被告一倍懲罰性賠償金。

(二)被告抗辯

原告未證明被告就城市商旅五權館館區內地上物之設置管理有疏失，亦未舉證證明系爭車輛之損壞，係肇因於城市商旅五權館內之系爭鐵片所致，原告所有系爭車輛損害當日適杜鵑颱風來襲，臺中地區當日瞬間最大風速達30.3公尺/秒，各地路樹傾倒、招牌掀起吹落四處頻傳，系爭車輛亦有可能係遭鄰人未收妥之物品、路樹等因風吹起而砸毀，被告不負侵權行為賠償責任。因系爭車輛損壞係肇因於杜鵑颱風之侵襲，戶外不明物體或樹木因不堪強風吹襲而砸毀，屬於不可抗力因素所致損害，依民法第606條後段規定，被告不

第八章　服務過失之法律爭議案件實務

負損害賠償責任。

　　作為旅館業者，對投宿者收取之費用與提供之服務僅包含住宿及館內設施之使用等，並不包含住宿客人之停車，無論住宿者是否駕車前往，均不影響被告所收取之房價，因此，兩造就停車部分至多僅成無償之使用借貸或寄託契約，兩造因原告有住宿暨停車之需求，所成立者應為訂房定型化契約暨使用借貸或寄託契約之混和契約。故就因杜鵑颱風所致系爭車輛之毀損，並無消費者保護法之適用，原告僅能依債務不履行或侵權行為之規定為請求。

　　縱認被告提供之服務包含系爭車輛之停放，被告已於城市商旅五權館內所設置之系爭鐵片四周以螺絲鎖緊，符合當時科技或專業水準可合理期待之安全性，僅係當天適逢杜鵑颱風來襲，臺中地區當日瞬間最大風速達 30.3 公尺／秒，造成鐵片不堪強風吹襲，以致鐵片砸擊系爭車輛。且被告之員工一聽到停車場似有發出車輛警報器聲響，隨即前往查看，發現系爭車輛擋風玻璃因不明原因碎裂，立即聯絡原告，並以塑膠布遮蔽破碎處，被告所提供之服務已符合當時科技或專業水準可合理期待之安全性，自無消費者保護法之適用，原告依消費者保護法第 7 條第 1 項、第 51 條請求被告賠償損害及懲罰性賠償，自無道理。

　　原告之系爭車輛之所以停放於該位置，係因系爭車輛

品牌為瑪莎拉蒂轎車,其底盤相較於一般車輛為低,而○○○○五權館內之停車場,停車時須駛上一具有弧度之機械車位,系爭車輛礙於底盤因素,無法停放於該機械車位,僅能停放於其他空位,並非被告員工明知尚有車位之前提下,仍要求原告停置於不適合停放車輛之位置。又系爭車輛價格將近 500 萬元,原告於停車時,知悉系爭車輛因底盤問題,無法停放於城市商旅五權館之停車場,倘原告認為停放於子母車旁之空位不恰當,為何未曾向被告反應?原告以上開各詞,主張被告提供之服務未符合專業水準可合理期待安全性,尚非屬實。

本件當庭勘驗錄影光碟影像可知,系爭鐵片雖有飛起之情形,然無法由錄影光碟直接看出系爭車輛之毀損是肇因於系爭鐵片所致,更何況據原告所提照片,鐵片最後係落於系爭車輛之前方,其造成系爭車輛毀損之部位,亦僅限於車頭部分。然原告所提供之照片、維修單據等,竟顯示系爭車輛所受損之範圍遍布全車,此與監視器錄影光碟、照片所示,不甚相符,被告難以接受原告所請求之修復費用價格。

第八章 服務過失之法律爭議案件實務

二、本案爭點

本案爭點有二，分述如下

(一) 原告系爭車輛修復支出之費用，是否因在○○商旅五權館遭系爭鐵片砸擊所致損害？
(二) 依侵權行為、消費者保護法等法律關係，原告請求連帶賠償及連帶懲罰性賠償有無理由？

三、法院判法

（一）原告主張至五權館住宿，住宿期間將其所有自小客車停放於五權館之停車場，適逢杜鵑颱風過境，五權館設置於地面、覆蓋水表之鐵片遭強風吹起砸中，該車因而受損等各節，均為被告所不爭執，且有監視器錄影光碟翻拍畫面車輛受損照片清晰可見。

由監視器中得知鐵片未固定於地面，隨時有危害生命、身體及財產安全之可能，而小客車遭鐵片砸中後，五權館人員均能前往車輛停放處查看並處理、移車，並無因杜鵑颱風風雨過大致無法處理之情事，然五權館之人員在長達近1小時之期間內，竟均無人處理鐵片未固定於地面之問題，任令該鐵片被風吹襲而上下掀動，終致脫離原位置而砸中原告之

自小客車，五權館提供之服務，顯不符合當時專業水準可合理期待之安全性。被告主張：本件自小客車因杜鵑颱來襲受損，係不可抗力所致，實非可採。

(二)五權館之企業經營者，其所提供之服務，不符合當時專業水準可合理期待之安全性，因而致被原告所有之自小客車受有損害，被告復未舉證證明其無過失，依消保法第7條第3項規定，請求被告負連帶賠償責任，於法自屬有據。查，為修復該車支出修復費用40萬5,123元，有統一發票暨估價單可憑，連帶賠償修復費用40萬5,123元，應予准許。次查，該車在五權館遭鐵片砸擊之過程，被告就其所提供之停車服務，有未及時發現鐵片鬆脫並即時處理之過失，衡酌該鐵片係因颱風過境，遭強風吹起導致砸中，依消保法第51條規定，請求被告連帶給付之懲罰性賠償金10萬元。

四、判決評析

本件被告台中○○商旅公司五權館經營者，對被告提供之服務，顯不符合當時科技或專業水準可合理期待之安全性，因而致原告所有之系爭車輛受有損害，本案於台中地方法院與台灣商事法院台中分院所判決之理由幾乎相同，可見服務瑕疵的規定不能以颱風為天然災害一詞而推脫，在颱風

第八章　服務過失之法律爭議案件實務

前仍應為一定之防範作為判定證據。

消保法第 7 條第 1 項、第 7 條之 1 第 1 項分別訂有明文規定：企業經營者主張其商品於流通進入市場，或其服務於提供時，符合當時科技或專業水準可合理期待之安全性者，就其主張之事實負舉證責任，提供服務之企業經營者，於提供商品流通進入市場，或提供服務時，應確保該商品或服務，符合當時科技或專業水準可合理期待之安全性。

企業經營者違反消保法第 7 條第 1、2 項規定，致生損害於消費者或第三人時，應負連帶賠償責任。但企業經營者能證明其無過失者，法院得減輕其賠償責任。

原告系爭車輛因在○○商旅五權館遭系爭鐵片砸擊受損，車輛支出修復費用 40 萬 5,123 元，有統一發票暨估價單可估證；具有瑕疵停車服務，有未及時發現系爭鐵片鬆脫並即時處理之過失，系爭鐵片係因颱風過境遭強風吹起致砸擊系爭車輛，天災亦屬系爭車輛受損之重要原因，依消保法第 51 條規定，連帶給付之懲罰性賠償金以 10 萬元判定應不失法理精神。

案例二：
婚宴海鮮中毒案
——研析台灣新竹地方法院 108 年度消字第 1 號民事判決

一、本案事實

　　新竹關西六福村生態度假旅館，提供消費者住宿、膳食及宴會等服務，原告張○○因與黃○○小姐結婚，經與被告公司業務人員接洽後，由原告張○○與被告代表即證人吳○○簽訂「婚宴場地定型化契約書(文定／成婚)」(下稱系爭契約)，約定由被告負責承辦婚宴。

　　婚宴席開 18 桌，原告張○○及配偶黃○○之眾多親朋好友均蒞臨婚宴祝賀新人，包含原告等 17 位賓客(下簡稱原告鄭○○等 17 人)，而原告張○○於系爭婚宴結束後共支付婚宴價金新台幣(下同)28 萬 5,130 元。嗣原告張○○由同事告知當日參與系爭婚宴之數十位賓客於晚間起陸續發生上吐下瀉、發燒、急性腸胃炎等情形，原告張○○察覺事情有異，遂與配偶黃○○一同向當日與會賓客逐一確認，竟發覺包含

第八章　服務過失之法律爭議案件實務

原告鄭○○等 17 人在內，共有 40 名賓客於參與系爭婚宴後發生上吐下瀉、發燒、急性腸胃炎等食品中毒之典型症狀。

原告張○○、配偶黃○○自事發後身心飽受煎熬，因被告疏於管控食品之衛生安全及品質，致 40 名賓客食用餐點後發生大規模食品中毒之情形，使原告張○○及配偶黃○○須於系爭婚宴後強顏歡笑向受害賓客致歉，留下無法彌補之精神痛苦。原告張○○於系爭婚宴後本欲尋求與被告協商之可能性，然被告竟一再消極推託，甚且質疑原告張○○代理賓客協商之正當性，實令原告張○○不明所以，何以原告等身為消費者，因被告大企業之重大過失所致生之損害，被告迄今仍不願賠償，故原告張○○及鄭○○等 17 人僅得尋求法律途徑，依法對被告提起本件訴訟。

（一）原告主張

原告張○○、配偶黃○○及雙方家長顏面盡失，實侵害原告張○○之名譽權等人格法益甚鉅，而系爭婚宴徒留原告張○○無法彌補之痛苦記憶，所受之精神上痛苦誠屬重大，原告張○○自得依據民法第 227 條之 1 準用第 195 條第 1 項之規定，請求被告賠償 5 萬元之精神慰撫金。

被告公司因疏於管控食品衛生安全等過失，致原告鄭○○等 17 人於食用被告提供之婚宴餐點後，出現大規模食品中毒之情形，損害原告○○方等 17 人之身體、健康權甚明，

案例二：婚宴海鮮中毒案─研析台灣新竹地方法院 108 年度消字第 1 號民事判決

原告鄭婷方等 17 人自得依據民法第 184 條第 1 項前段、第 195 條及消保法第 7 條請求被告賠償損害共新台幣 65 萬元。

被告廚師張〇〇製作龍蝦等保存風險性極高之海鮮冷盤，竟未依照符合食品衛生安全之方式放置於冷藏設備中保存，反而置放於廚房備餐臺上，長達三小時暴露於高溫中，致原告鄭婷方等 17 人食用後身體、健康權受有損害。而海鮮等食物長時間放置於室溫中易造成腐敗並滋生細菌等節，為一般人所周知之常識，被告身為知名飯店業者，所提供之餐點品質甚至低於一般常人存放海鮮食品之標準，衡情被告所為，不僅與善良管理人之注意義務相違，更已達重大過失之程度，根據消保法第 51 條規定，原告鄭〇〇等 17 人另得請求被告賠償三倍以下之懲罰性賠償金。

(二)被告抗辯

原告等罹患腸胃炎等情事假設為真，亦未必與被告所提供之食物有關，原告張〇〇於被告場地席開 18 桌，人數總計超過 180 人，卻僅有 10 分之 1 出現腸胃炎等症狀，本無法排除係因傳染性疾病所造成之類似症狀，依據經驗法則以及論理法則，當天所提供之食物原料均係統一採買與供應，如果存有食物之瑕疵，則應非僅有 18 人產生症狀；再就就醫之相關病歷，可知上開相關人等均無食物中毒之診斷，且沒有任何一間醫院向主管機關通報食物中毒事件，可知各醫院亦不

第八章 服務過失之法律爭議案件實務

認為客觀上有食物中毒情事存在。加以食物中毒需要經過食物檢驗才能證實,醫療紀錄所謂「食物中毒」僅為病患主觀之主述,無法作為證據。

當天,也沒有任何人向被告反映食材有怪味的情況,且被告公司負責系爭婚宴冷盤製作之廚師張文琳亦到庭證述正式製作冷盤於 11 點半,做好後接近 12 點半,做完沒多久即放冷凍庫保存後出菜給予原告與賓客享用,且也經過證人張○○與主廚親自試吃,而證人張○○與主廚並未產生異狀,足見當日餐點並無問題,而當日餐飲冷菜部份不僅經過證人張文琳等試吃,餐飲部領班亦會檢查食材,且冷盤之食材進貨時,被告公司亦有驗收單位檢查食品安全。

原告稱「根據○○診所之診斷證明書記載:病名其他非特定非傳染性胃腸炎及結腸炎,疑似食物中毒,可證實系爭婚宴確有發生大規模食品中毒之情形」,僅屬該名原告對醫師之主訴與主觀意見,於未經鑑定之情形下,醫師亦無法確認確實病因為何,故原告鄭○○等 17 人主張賠償、消保法第 51 條之規定請求被告賠償損害額一倍之懲罰性賠償金,亦無理由。

案例二：婚宴海鮮中毒案―研析台灣新竹地方法院 108 年度消字第 1 號民事判決

二、本案爭點

本案之爭點有二，分述如下：

(一) 原告張○○主張依據民法第 227 條之 1 準用給付不能及民法第 495 條第 1 項規定請求被告賠償損害 28 萬 5,130 元有無理由？及主張其名譽遭被告不法侵害，依據民法第 227 條之 1 準用第 195 條第 1 項規定，請求被告賠償 5 萬元之精神補償是否可採？

(二) 原告主張原告鄭○○等 17 人之身體、健康權遭受被告不法侵害，原告鄭○○等 17 人得依民法第 184 條第 1 項、第 195 條第 1 項及消保法第 7 條、51 條之規定請求被告賠償損害及精神撫慰金有無理由？

三、法院判法

原告既已證明其等 17 人在參與系爭婚宴後發生上吐下瀉、急性腸胃炎等症狀，且因發生上開症狀的人數非微，則原告上開主張其等係因被告提供系爭婚宴之食物中毒，致發生急性腸胃炎等症狀，尚非無據。

系爭婚宴之冷盤餐點既係於當日 10 時許即已製作完成，並在製作完成後未馬上置入冰箱內冷藏處理，而係擺放於無

第八章　服務過失之法律爭議案件實務

冷氣之備餐檯面,以當日婚宴時值夏日白天,正午高溫可達攝氏35度,該等環境顯不適宜存放海鮮冷盤食品,且有導致食品滋生細菌及腐敗之虞,則被告既未能舉證其提供系爭婚宴之食材保存、料理流程及環境衛生係符合食品衛生健康安全之規範,且依據系爭婚宴食材製作食品之科技知識水準,亦非無法發現有不符合食品衛生健康安全等情形,故原告主張被告未盡提供安全、衛生食品製作之義務。

因被告疏於管控食品之衛生安全及品質,致非微賓客食用餐點後發生食品中毒之情形,使原告張繼安不僅無法沉浸於結婚及眾人祝賀之喜悅中,反須於系爭婚宴後向受害賓客逐一致歉,除造成新人及雙方家長顏面盡失外,更徒留原告張繼安無法彌補之精神痛苦,加以原告張○○最高學歷為國立○○大學電機工程碩士,目前在○○科技股份有限公司任職,年薪百萬,名下有房產,及多筆股票投資。

審酌原告張○○夫妻在系爭婚宴當日席開18桌,支付被告婚宴價金28萬5,130元,以每桌10位人數計算總人數為180人,卻有原告鄭○○等17人發生食品中毒,在婚宴後就醫治療情形,而因系爭婚宴當日連同水果及點心共計13道菜色,此有被告提出系爭婚宴菜單為憑,則原告張○○主張被告提供之冷盤食品有製作瑕疵情形,其得請求被告賠償之金額應以2,071元為適當【計算(28萬5,130×17/180×1/13)

案例二：婚宴海鮮中毒案—研析台灣新竹地方法院 108 年度消字第 1 號民事判決

=2,071 元以下捨五入】，審酌兩造之身份、地位、經濟能力、原告張○○所受損害情形及被告所為不履行債務等具體情狀，認原告張○○對被告主張非財產上損害賠償 5 萬元。

本件被告製作提供系爭婚宴之食品既有重大過失，未遵循食品衛生健康安全等標準及規範進行食材保存、料理流程，致使原告鄭婷方等 17 人食用後發生急性腸胃炎等食物中毒症狀，已如上述，則原告鄭婷方等 17 人請求被告賠償精神上損害額一倍之懲罰性賠償金。

四、判決評析

原告張○○主張被告就系爭婚宴契約所提供之食品有不完全給付之瑕疵，致當日參與系爭婚宴之原告鄭婷方等 17 人食用被告提供系爭婚宴餐點後發生食物中毒之症狀，至原告主張除鄭○○等 17 人外，另有參與系爭婚宴 23 名賓客中計有 21 名賓客出具之聲明書表示在參與系爭婚宴後發生上吐下瀉、發燒、急性腸胃炎等食品中毒症狀，並提出訴外人黃○○等出具之聲明書為憑，惟為被告否認上開聲明書記載之真實性，原告就此復未能提出其他證據資料證明立書人確有在參與系爭婚宴後出現食物中毒之症狀，即難僅據立書人片面記載，採為有利於原告之認定。

第八章　服務過失之法律爭議案件實務

又被告雖辯稱原告等 17 人罹患腸胃炎之起因繁多，甚有可能係因賓客感染諾羅病毒或其他種類病毒或細菌，而藉由飛沫傳染，未必與食物有關云云，惟觀之原告提出系爭婚宴之桌圖及與會賓客之座位對應圖，可知原告鄭○○等 17 名賓客座位位置係分散於系爭婚宴之各桌，並有地毯相隔二處，倘係單一賓客感染諾羅病毒，豈有可能於婚宴進行之兩、三小時內即具有如此廣泛接觸之傳染力？且原告鄭○○等 17 人來自臺灣各地，原多不相識，因參與原告張○○系爭婚宴後發生相似的症狀，顯難排除係因食用受到細菌污染的食物致引起急性腸胃炎。

宴客餐飲之冷盤餐點，於系爭婚宴當日上午 10 時左右即製作完成，且製作完成之成品即擺放於無冷藏設備之備餐臺桌面，而當日新竹關西地區之氣溫高達攝氏 35 度，該等環境顯非適宜存放海鮮冷盤食品之處所，更有導致食品腐敗之虞。且系爭婚宴於當日下午一點左右方開始上菜，足見該等餐點於未經適當保存之情形下置放於高溫環境長達三小時以上，顯見被告於系爭婚宴龍蝦冷盤之製作及保存方式，確有嚴重違背食品衛生安全之情，顯未達消費者保護法（下稱：消保法）第 7 條所明定之「符合當時科技或專業水準可合理期待之安全性」。

臺灣士林地方法院 101 年審易字第 2327 號刑事判決及

案例二：婚宴海鮮中毒案—研析台灣新竹地方法院 108 年度消字第 1 號民事判決

臺灣苗栗地方法院 97 年訴字第 65 號民事判決意旨及認定之事實可知，醫療院所診斷證明所記載之「非傳染性腸胃炎」及「急性腸胃炎」，於醫學上均有可能係食品中毒所引起，且此為經法院判決所確認及認定之事實。且觀臺灣苗栗地方法院 97 年訴字第 65 號民事判決援引之醫院函覆內容可知，食品中毒引發之腹瀉於餐後 24 至 48 小時內發生係屬常態，此亦可解釋為何原告鄭○○等多數賓客係於 108 年 7 月 15 日或 7 月 16 日就醫，而非於 108 年 7 月 13 日系爭婚宴當日就醫。且因系爭婚宴係舉辦於週六中午，而除大型醫院外，大部分醫療院所於週日均休診，故原告等賓客縱已開始發生嘔吐、腹瀉等食品中毒症狀，亦有可能因醫療院所週日休診而延遲至週一方就診（亦有部份賓客係於週一凌晨即至醫院掛急診），足見原告鄭○○等 17 名賓客之「非傳染性腸胃炎」、「急性腸胃炎」等症狀，確係因食品中毒所引起。

案例三：
房客使用跑步機休克死亡案
── 評析臺灣臺中地方法院 110 年度消字第 5 號民事判決

一、本案事實

呂○○入住台中○○大飯店使用健身房跑步機時因心因性休克倒地，經約 1 小時才為被告乙發現送醫後不治死亡。

原告因被告公司未於健身房安排固定之管理或巡邏人員，雖裝設監視器，但未派人隨時監看螢幕，因被告公司之過失，導致呂○○發病倒地後長達一個多小時無人聞問，若即時施以心肺復甦術（下均稱 CPR）並以自動體外心臟電擊去顫器（下稱 AED）急救並送醫，應可避免死亡之結果。執行業務均有過失，應分別與被告公司負連帶賠償責任。

(一) 原告主張

訴外人呂○○變為原告甲之妻，與原告甲育有丁、戊、丙三名未成年子女，呂○○於 110 年入住被告○○大飯店，使用該飯店健身中心之跑步機，於 21 時 59 分滑落昏厥，直

至 22 時 55 分許,始由被告公司發現送醫,經相驗發現係因高血壓病史導致心因性休克而死亡,因此原告主張,被告公司違反旅館業管理規則第 25 條,而有過失。

再者,被告公司身為企業經營者,將健身房設置在視覺無法穿透之密閉空間,又未安排人員固定管理、巡邏,或以監視器隨時監看螢幕影像、注意旅客安全,所提供之服務不符合當前旅館業專業水準可合理期待之安全性,違反消保法第 7 條之規定;消保法施行細則第 5 條規定是消費者依本消保法條規定請求企業經營者負損害賠償責任,無庸證明服務不符合當時科技或專業水準可合理期待之安全性,企業經營者始需依此規定負賠償責任。

(二) 被告主張

呂○○就於使用跑步機約半小時後倒地,顯然其運動強度已非其身體狀況所能負荷,因○○大飯店僅係旅館業,並非醫療院所,其無能力就個案逐一檢查、判斷旅客的身體狀況,究竟能否使用健身房,故公告嚴禁所有「高血壓者」進入使用,應已盡到風險提醒和控管義務。

其次,從事運動者遠比被告公司、負責人和○○大飯店職員更清楚自身健康狀況,而有資訊上之優勢,其明知自身患有高血壓,在規律就診跟服用藥物治療中,於從事運動時,較易產生心臟停止之風險,並在明知上開健身房警語及健身房軟、

硬體設置狀況後（呂○○自95年起即開始入住○○大飯店，至本件事發時已入住高達174次、住房時間達359日），仍未主動告知病史、提醒被告公司職員特別觀察注意其運動狀況，而逕行進入上開健身房使用跑步機長達半小時，導致昏迷而致不幸死亡，實非經營者所能顧及之身體安全。

而侵權行為以行為人（法人和自然人）有故意或過失為構成要件，原告自應具體指明被告公司有何「應注意、能注意、而不注意」之過失要件，並陳明該注意義務係從何而生（諸如法規、契約等等）。原告雖主張被告有巡場和監控監視器的義務，然卻未能指出被告係基於何項法規、契約或者義務來源，而有該「注意義務」，自難認為其業已盡舉證責任。

二、本案爭點

本案之爭點有二，分述如下：

（一）系爭健身房使用須知明確規定：患有不適合運動疾病之高風險族群（如心臟病、高血壓、糖尿病等）或身體狀態不佳者（如懷孕、飲酒、受傷）嚴禁使用，持房卡進入健身房者視同已閱讀並同意上述規範，若違反此規範而致產生意外情事，其後來應如何區分責任？

(二)現行並無任何法規範或契約約定,要求飯店或旅館附設之健身房有善管義務,應派駐管理人員或隨時監看錄影畫面之積極作為義務,則縱使被告公司並未做到該標準,亦難謂其有何過失可言,更遑論不法侵害他人致死罪責。

三、法院判法

(一)被告公司自認並無在健身房內設置管理人員(在健身房外,縱使設置管理人員也不可能看得到健身房內的動靜),亦無派員隨時監看監視器,足見其為節省營運成本,未配置足額人力巡視該健身中心,致無從確保住宿房客之人身安全,自不具備當前飯店、旅館業專業水準可合理期待之安全性。

至於所謂「符合當時專業水準可合理期待之安全性」,乃不確定法律概念,應依照實際時期、地點、行業判斷,縱使同樣經營旅宿業,亦會因為旅館等級不同(收費、星等、品牌等),而有不同的服務周密、細膩度,被告經營旅宿業,對於何間旅館與〇〇大飯店屬於同級旅館,衡情自具備對於旅宿業之熟悉度和判斷能力。

(二)從健身房之種種管理措施,被告公司所提供之服務

欠缺安全性，與呂○○死亡結果有相當因果關係，應負損害賠償責任，原告丁○○、戊○○、丙○○，於呂○○因本件事故死亡時年僅12歲和10歲，而原告甲○○為呂○○之妻，與呂○○育有三名子女，美滿婚姻及家庭生活可期，惟因被告公司違反消保法第7條，致呂○○延誤就醫而亡故，原告丁○○、戊○○、丙○○年幼失怙、原告甲○○痛失愛侶，其等精神上所受之痛苦甚鉅。

馬偕醫院給的衛教資料說呂○○可以「慢跑」，故呂○○應該可以使用健身房跑步機，然馬偕醫院上開回函已經清楚說明：「短時間慢跑運動應是可以負荷，只是跑步機是否就等同慢跑運動，其強度及持續時間均會造成有所不同，即可能無法負荷此風險」，應為呂○○所能預料，但因其違反健身房公告，故呂○○應負擔百分之五十之過失責任。

(三) 原告甲○○得請求之金額為殯葬費 34 萬 5,440 元、慰撫金 100 萬元，合計 134 萬 5,440 元，經過失相抵後，金額為 67 萬 2,720 元 (計算式：134 萬 5,440 元 × 1/2=67 萬 2,720 元)，其請求 158 萬 7,877 元，結果獲賠 67 萬 2,720 元。

四、判決評析

(一) 按因故意或過失，不法侵害他人之權利者，負損害賠償責任，民法第184條第1項前段定有明文。又法人依民法第26條至第28條之規定，為權利之主體，有享受權利之能力，為從事目的事業之必要，有行為能力，亦有責任能力，按不法侵害他人致死者，對於支出醫療及增加生活上需要之費用或殯葬費之人，亦應負損害賠償責任。不法侵害他人致死者，被害人之父、母、子、女及配偶，雖非財產上之損害，亦得請求賠償相當之金額，民法第192條第1項、第194條亦有明文。

(二) 按公司負責人對於公司業務之執行，如有違反法令致他人受有損害時，對他人應與公司負連帶賠償之責，公司法第23條第2項定有明文，按從事設計、生產、製造商品或提供服務之企業經營者，於提供商品流通進入市場，或提供服務時，應確保該商品或服務，符合當時科技或專業水準可合理期待之安全性；企業經營者違反前開規定，致生損害於消費者或第三人時，應負連帶賠償責任，但企業經營者能證明其無過失者，法院得減輕其賠償責任，消保法第7條第1、3項定有明文。

(三)故本案之發生雖純屬意外，但由於被告對於案發健身房提供服務時，應確保該商品或服務，符合當時科技或專業水準可合理期待之安全性，企業經營者違反規定，致生損害於消費者或第三人時，應負連帶賠償責任，但企業經營者能證明其無過失者，法院得減輕其賠償責任，消保法第 7 條定有明文，所以本案之侵權過程為 50/50 應當公允。

案例四：
行走鋁製斜板案
——評析臺灣南投地方法院 105 年度訴字第 401 號民事判決

一、本案事實

原告主張其於 103 年 11 月 8 日至被告南投○○大飯店住宿，於翌日上午 8 時許離開被告飯店處，欲至日月潭搭乘遊艇時，因被告飯店外通道與道路間有高低落差，被告乃於斜坡設置鋁製斜板，以利住客由飯店經由系爭斜板到達道路前往日月潭湖邊，但被告明知所設置系爭斜板應注意防滑，卻未設置任何防滑措施，致原告行系爭斜板時滑倒，此金屬製斜板係以數白鐵片焊製連接而成，略呈波浪狀，其波浪間之間隔約 4 至 5 公分，且白鐵平滑，並無顆粒或斜線之阻滑裝置，則一般人行走於其上，其鞋底與該斜板接觸之底面積，應不及平地接觸面積之三分之一，且系爭斜板係因被告飯店與道路間有高低落差約 18 公分，經被告設置於飯店與道路之間，亦為兩造所不爭執，客觀上即可能造成一般旅客滑倒而受傷。

第八章　服務過失之法律爭議案件實務

(一) 原告主張

原告主張其於上街時間入住被告之飯店,於翌日退房離去時,走至原告所設置之系爭金屬製斜板而滑倒,並造成上開之傷害,有原告之上開診斷證明書及醫療費用收據可稽,且為被告所不爭執。

大飯店為系爭消費關係之企業經營者,而原告則為消費者,被告所提供之商品或服務,自應確保原告於消費期間無安全或衛生上之危險。

消費者保護法對於商品或服務既未加以定義,倘企業經營者提供之商品或服務攸關消費者健康與安全之確保,為促進國民消費生活安全及其品質,另外從事設計、生產、製造商品或提供服務之企業經營者應確保其提供之商品或服務,無安全或衛生上之危險,而商品或服務具有危害消費者生命、身體、健康、財產之可能者,應於明顯處為警告標示及緊急處理危險之方法,企業經營者違反前兩項規定,致生損害於消費者或第三人時,應負連帶賠償責任,但企業經營者能證明其無過失者,法院得減輕其賠償責任」;「從事經銷之企業經營者,就商品或服務所生之損害,與設計、生產、製造商品或提供服務之企業經營者連帶負賠償責任,但其對於損害防患已盡相當之注意,或縱加以相當之注意而仍不免發生損害者,不在此限」,消費者保護法第 7 條、第 8 條第 1 項

案例四：行走鋁製斜板案—評析臺灣南投地方法院 105 年度訴字第 401 號民事判決

分別定有明文。

再從民法的觀點，民法第 184 條第 1 項前段、第 193 條第 1 項、第 195 條第 1 項定有明文「因故意或過失，不法侵害他人之權利者，負損害賠償責任。」、「不法侵害他人之身體或健康者，對於被害人因此喪失或減少勞動能力或增加生活上之需要時，應負損害賠償責任。」、「不法侵害他人之身體、健康、名譽、自由、信用、隱私、貞操，或不法侵害其他人格法益而情節重大者，被害人雖非財產上之損害，亦得請求賠償相當之金額。

經查飯店業者提供消費者個人或團體食宿，諸此皆已涉及消費者之健康及安全，依上開說明，自應確保其提供之商品或服務，無安全或衛生上之危險，因此飯店業者有不法之適用，應屬無疑。

(二) 被告主張

系爭斜板為白鐵製，非鋁製，因被告飯店外通道與道路間有高低落差，才會架設系爭斜板，系爭斜板並非平面，而有凸起，白鐵材質也應有防滑效果，遊客應不容易跌倒，嗣因遊覽車車體重量較重，長期碾壓系爭斜板，造成斜板與路面接縫處有時需鋪設柏油或水泥。

事故現場改為石板材質而與被告飯店走道鋪設之材質相

第八章　服務過失之法律爭議案件實務

同。而原告係隨團體約 100 多人入住被告經營飯店，系爭事故發生時為原告及其團體集體退房離開之時，若果如原告所言係被告設施不當所致，何以唯獨原告跌倒，其他 100 多人團員卻均安然無事？因此系爭事故係原告個人疏忽所致，原告本身顯有過失，自應自行負擔過失之責任。

二、本案爭點

本案之爭點有二，分述如下：

（一）系爭斜板係因被告飯店與道路間有高低落差約 18 公分，經被告設置於飯店與道路之間。

（二）被告是否應負損害賠償責任及消保法之責任？

三、法院判法

（一）原告因被告飯店外通道與道路間有高低落差，被告乃於斜坡設置系爭鋁製斜板，以利住客由飯店經由系爭斜板到達道路前往日月潭湖邊，但被告明知所設置系爭斜板應注意防滑，卻未設置任何防滑措施，致原告行經系爭斜板時滑倒，受有左腳踝骨折及左踝三踝閉鎖性骨折系爭事故，被告應負損害賠償責任等情，業據原告提出戴德森醫療財團法人

案例四：行走鋁製斜板案—評析臺灣南投地方法院 105 年度訴字第 401 號民事判決

嘉義基督教醫院診斷證明書、醫療費用收據、埔基醫療財團法人埔里基督教醫院就醫診斷證明書、醫療費用收據，照片及天主教中華聖母修女會醫療財團法人天主教聖馬爾定醫療費用收據等作為證，被告對於原告於上揭時間退房離開被告飯店時，於被告飯店門前斜坡處之系爭金屬製斜板滑倒，受有左腳踝骨折、左踝三踝閉鎖性骨折等傷害之事實，並不爭執，惟否認有何過失，並稱，多人經過均安然無事，惟獨原否經過而滑倒，故合理推論系爭事故係原告個人疏忽所致，原告本身顯有過失，自應自行負擔過少之責任等。

(二)原告所設置之系爭金屬製斜板而滑倒，並造成上開之傷害，有原告之上開診斷證明書及醫療費用收據可稽，且為被告所不爭執，堪信為真。

(三)民法第 184 條第 1 項前段、第 193 條第 1 項、第 195 條第 1 項定有明文，按「因故意或過失，不法侵害他人之權利者，負損害賠償責任。」、「不法侵害他人之身體或健康者，對於被害人因此喪失或減少勞動能力或增加生活上之需要時，應負損害賠償責任。」、「不法侵害他人之身體、健康、名譽、自由、信用、隱私、貞操，或不法侵害其他人格法益而情節重者，被害人雖非財產上之損害，亦得請求賠償相當之金額。」

(四)消費者保護法第 7 條、第 8 條第 1 項分別定有明文，

第八章　服務過失之法律爭議案件實務

另按「從事設計、生產、製造商品或提供服務之企業經營者應確保其提供之商品或服務，無安全或衛生上之危險。商品或服務具有危害消費者生命、身體、健康、財產之可能者應於明顯處為警告標示及緊急處理危險之方法。」

四、判決評析

本件原告於上揭時間退房離去被告飯店，欲行至日月潭邊時，因被告飯店門前與道路有落差，設置系爭金屬製斜板，原告行至該斜板而滑倒，已如前述，該金屬製斜板係被告所設置，為被告所自認，並經證人到庭證稱該系爭斜板係白鐵製成，係由伊於103年間負責組裝完成，並未經安全檢驗等語。導致原告退住被告飯店離開時，於被告飯店門前斜坡處之金屬製斜板上滑倒，受有左腳踝骨折、左踝三踝閉鎖性骨折等傷害。「從事經銷之企業經營者，就商品或服務所生之損害，與設計、生產、製造商品或提供服務之企業經營者連帶負賠償責任。但從安全不符來檢視此案，被告所設之違法系爭斜板並未善盡責任，故應對原告予以負醫療賠償。

案例五：
住客摔倒游泳池案
── 評析臺灣高等法院臺中分院 102 年度重上字第 33 號民事判決

一、本案事實

　　原告在被告經營之○○○○時尚旅館 R607 號房，原告原在水池邊之躺椅上休息，後自躺椅上起身，想要靠近水池邊，與在水池內之朋友聊天，惟因滑倒、絆倒或突然暈眩等因素之故，致重心不穩而跌入水池；並在跌入水池前，頭頂後方撞擊堅硬地板或水池邊水泥或其他硬物，因而受有「第五頸椎壓迫性骨折合併脊髓完全損傷」之傷害，造成四肢癱瘓，至今無法自行起身、轉位、移位，日常生活須專人 24 小時照料。

　　法院審理期間，原告躺在輸椅上由家屬推入法庭，原告對於法官之問話可以理解，意識清楚，但無法行動，手無法寫字，雙手及雙腳均有萎縮情形。

第八章　服務過失之法律爭議案件實務

(一) 原告主張

原告與友人共同入住被告公司經營之○○○○時尚旅館，房內設有游泳池設施供房客使用，惟因現場並無張貼警語，亦無適當之安全或救生設備，致原告於使用游泳池設備時，因安全設施不足而自池畔跌入池中，因而受有「第五頸椎壓迫性骨折合併脊髓完全損傷」之傷害，造成「四肢癱瘓」、「泌尿道感染」、「神經性膀胱及神經性腸道」等病症，原告迄今仍四肢癱瘓，無法起身，日常生活均須仰賴家人及看護照料。

被告為旅館業者，其為吸引顧客及為求美觀，竟在房間內設置游泳池，惟其設置之游泳池水深不足，又未有適當明顯之警告標示及緊急處理危險之方法，亦未配備適當之救生設備，更無避免危害發生之安全設備；且由被告事後加裝木製柵欄之行為，更可確認被告確有設置欠缺之過失，難認符合當時科技或專業水準可合理期待之安全性，依消費者保護法第7條、民法第184條第1項規定，被告自應就原告所受之損害負賠償責任。

當日青商會雖在被告旅館開5、6間房間，惟因事發所在之R607號房較大且有KTV、泳池等設備，故原告一行人均聚集在該房內唱歌、游泳，而事發當時多數人係在房間內唱

案例五：住客摔倒游泳池案—評析臺灣高等法院臺中分院102年度重上字第33號民事判決

歌，僅原告及友人陳○○、徐○○3人在游泳池附近，然該3人均未喝酒，更無故意往游泳池跳水之行為。

(二) 被告主張

被告櫃台接獲通知客房有人受傷，被告公司服務人員隨即趕赴該房間處理，並了解原告受傷之原因，經在場原告之其他友人告知，原告當時似因與其他友人在房間內喝酒狂歡，嗣於該房間外所設置之景觀水池邊故意往水池內跳，不慎造成本件傷害。

被告房間內所設置者為一般造景用之景觀水池，並非游泳池，且亦設有禁止跳水或游泳之警語；況縱為一般游泳池，尚非專為跳水而設計者，水深自然不足，更何況像景觀水池當然禁止使用者跳水，原告為智慮健全之成年人，自然知悉本件顯然因原告之故意行為所致。

本件經第三公正單位○○保險公證人有限公司至現場鑑定後亦認被告公司當時所提供之設施與目前一般飯店之設施並無不同之處，且無不符目前科技或專業水準可合理期待之安全性可言，亦無證據可證係被告設置之過失致原告受傷。況被告更係在事故發生後第一時間通知救護單位處理，並無過失，是被告為旅館經營業者，所提供為符合一般住宿之安全服務，對於原告之故意行為，尚難認有過失。

二、本案爭點

（一）原告發生事故之過程及其原因為何？

（二）被告所經營之○○○○時尚旅館未依消費者保護法第 7 條第 1 項規定，禁止房客進入景觀池游泳，並在景觀池四周設置防止人跌落之設施，以提供消費者安全之服務空間，是否該負傷害責任？

三、法院判法

(一) 地院判決

被告經營旅館為營業場所，提供旅客住宿及休閒服務，應確保其提供之服務具有可合理期待之安全性。茲被告既明知其於 R607 號房所設置之水池為景觀池，並非游泳池，顯然該水池僅供造景觀賞之用，則其自應禁止房客進入水池游泳，並在水池四周設置防止人跌落之設施，以提供消費者一安全之服務空間，保障消費者於使用景觀池而接受被告所提供之服務時，可避免因滑倒、絆倒或暈眩等因素而跌入池中受到傷害，所提供之住宿服務，自難認具有可合理期待之安全性。

被告固提出○○保險公證人有限公司函文：被告公司當

例五：住客摔倒游泳池案—評析臺灣高等法院臺中分院102年度重上字第33號民事判決

時所提供之設施與目前一般飯店之設施並無不同之處，且無不符目前科技或專業水準可合理期待之安全性，亦無證據可證係被告設置之過失致原告受傷等語。惟查，上開公司並未經主管機關許可具有鑑定消費者保護案件之專業能力，尚難認係公正專業單位是其認定結果。

然被告除已自認並未管制房客進入景觀池游泳外，復未在水池四周設置防止人跌落之設施，則於原告自水池邊躺椅上起身時，因滑倒、絆倒或暈眩等因素，因無上開防護設施致跌入池中，頭頂後方撞擊硬物而受有傷害。被告所提供之服務空間，致原告前往消費時，因滑倒、絆倒或暈眩等因素而跌入景觀池中受有傷害，依前開規定，被告自應對原告所受之損害負賠償之責。

(二) 高院判決

本件最主要爭執點為上訴人如何造成之第5頸椎衝擊性脫位性骨折 (burst fracture-dislocation of C5) 以及椎間管狹窄之傷害。

被上訴人主張系爭此為游泳池，上訴人則抗辯係景觀池，經法院履勘結果，該水池位於三樓露天，長度為756公分，寬度277公分，深度90公分，門對面有露台及躺椅、池邊有扶梯，扶梯對面有三座噴水雕飾，有勘驗筆錄及照片可憑，以上開長、寬、深度，顯不敷游泳池所需，又有扶梯亦

非單純之景觀池,法院認為屬於戲水池;惟該 R607 號房非位於核准營業範圍內,屬擴大營業,原核准竣工圖查無露天水池等核准事項。

查民法第 184 條第 2 項規定:「違反保護他人之法律,致生損害於他人者,負損害賠償責任。但能證明其行為無過失者,不在此限」,其立法旨趣係以保護他人為目的之法律,意在使人類互盡保護之義務,倘違反之,致損害他人權利,與親自加害無異,自應使其負損害賠償責任。本件系爭水池既未經核准使用,讓被上訴人使用,上訴人違反保護他人之法律,被上訴人並因而受傷,難謂無因果關係。

法院審理上訴人發生處所非位於核准營業範圍內,被上訴人跳水所致,認為被上訴人就其所受損害部分應負 80% 之過失責任,則上訴人之損害賠償責任應減輕為 20%,即賠償金額 377 萬 1,025 元,超過部分即無理由。

三、本案評析

企業經營者,其於房間內設置戲水池,惟其設置之戲水池水深不足,又未有適當明顯之警告標示及緊急處理危險之方法,亦未配備適當之救生設備,更無避免危害發生之安全設備,難符合當時科技或專業水準可合理期特之安全性。

案例五：住客摔倒游泳池案—評析臺灣高等法院臺中分院 102 年度重上字第 33 號民事判決

　　本案系爭水池深度 90 公分，水深甚淺，一般理性第三人均會知悉本件水池並不能用來跳水，傷者既為智慮健全之成年人，又住居環海之澎湖，更無推諉為不知之理，惟其竟為跳水，即被上訴人亦承認水深及腰，如若跳水等於是自殺的行為，是被上訴人受傷之發生，本身顯有重大過失，從傷勢觀之，傷者乃以頭上腳下往水池跳，才造成擠壓脊椎。

　　從案發現場得之，傷者當時係因與其他友人在房間內喝酒狂歡，嗣於該房間外所設置之戲水池邊故意往水池內跳，不慎造成本件傷害。

　　高等法院經清楚本案事件因果關係後，改判傷者亦須負 80% 責任，賠償金額大減，對該旅宿業者比較公平判決。

案例六：未入住詆毀民宿案 —— 評析臺灣高等法院花蓮分院 103 年度上字第 15 號民事判決

一、本案事實

　　原告為經營「〇〇〇民宿」、「〇〇民宿」之業者，被告則於民國 100 年 8 月 3 日以電話向「低調民宿」預訂同年 9 月 9 日之雙人套房一間。被告於同年 8 月 5 日匯款 1,000 元，並於同年 8 月 5 日 22 時 26 分以簡訊告知原告已匯款。

　　因原告已將房間保留給已先匯款之他人，致被告因此並

第八章　服務過失之法律爭議案件實務

未訂到房間，原告於同年 8 月 17 日將 970 元（扣除匯款手續費）匯返被告。被告則於同日在 mobile01 網站上以「learnyou」為名刊載：「金針花季到了，花蓮民宿的熱門度可想而知，這家"低調民宿"位於富里的山腳下，雖然環境不錯，但身為服務業的他們，給了我一個很糟糕的體驗，並將該民宿網頁張貼該網友留言。

(一) 原告主張

被告以「learnyou」之名義於原告所經營之「○○○民宿」、「○○民宿」之網站留言板上，張貼不實心得文章及侮辱性字眼指謫原告，在貼文時把北九岸民宿一起寫在裡面，針對原告惡意抨擊。

該貼文貼於民宿留言版，猶如將抗議白布條拉在店家門口，企圖影響其做生意，進而倒店。現代人旅遊住宿皆靠網路資訊訂房，而一間與人有糾紛的民宿是不會被一般人接受的。兩年來，○○○民宿的生意直接受該貼文影響，業績差到難以維持最起碼的運作，最終停業。一家民宿的合法成立到營業，門檻非常高，拿到合法證書實屬不易。原告經營民宿，希望有一個經濟來源及生活重心，卻因該轉貼文章影響，無人願意上門，生意差到不可同日而語。被告應於原告所經營之「○○○民宿」、「○○民宿」之網站留言板上以「learnyou」之名義，各刊登內容為：「道歉人李○○就與低

調民宿關於訂房糾紛,李○○公然在網路上以 learnyou 之名義,散布不實文章、辱罵字眼,嚴重損害羅○○所經營之北九岸民宿、低調民宿之名譽及羅○○之人格權,承蒙羅○○寬量,不予深究,並重申上開所有貼文及其轉載者,內容均非真實」之道歉啟事。

(二)被告主張

被告於網站刊載民宿訂房未果與退款延宕之經驗,乃就訂房過程所為之事實敘述,並未在原告所經營之民宿網站留言版上留言。文章所述皆為被告本人發生之事實經過,係為了避免其他消費者發生類似事件而毀壞出遊興致,此乃善意發表並為可受公評之事做適當評論,該陳述屬言論自由受憲法保障,亦無憑空虛捏或是故意扭曲事實之情形,難認有何侵害原告商譽之故意或過失。

又原告指謫被告於文章內容指出「老闆娘只要躺著賺就好」影射原告,有公然侮辱之行為。惟查:上開處罰書中提及,前揭文字僅單純指責原告並未主動積極辦理訂房、退款之事務,非有胡亂指謫原告涉及違反公序良俗等情節,主觀上顯非有侮辱原告之犯意。由此可知,被告並沒有使用侮辱性字詞,侵害原告的名譽。

再者,民宿生意慘澹無人訂房,最終導致歇業,向被告求償 70 萬元之營業損失賠償。惟查,按損害賠償之債,以有

損害之發生及有責任原因之事實，二者之間，有相當因果關係為成立要件，故原告所主張損害賠償之債，如不合於此項成立要件，即難謂有損害賠償請求權存在。

民法上名譽權之侵害，雖與刑法之誹謗罪不盡相同，惟刑法第310條第3項、第311條第3款之免責規定，乃係為調和個人名譽與言論自由發生衝突而設，為維護法律秩序之整體性，俾使各種法規範在適法或違法之價值判斷上趨於一致，是上開規定，於民事事件即非不得採為審酌之標準，故行為人之言論雖損及他人名譽，惟其言論屬陳述事實時，如能證明其為真實，或行為人雖不能證明言論內容為真實，但依其所提證據資料，足認為行人有相當理由確信其為真實者，或行為人之言論屬意見表達者，如係善意發表，對於可受公評之事，而為適當之評論者，不問事之真偽，均難謂係不法侵害他人之權力，尚難令負侵權行為損害賠償責任（司法院大法官會議第509號解釋、最高法院96年度臺上字第928號判決參照）。

二、本案爭點

而本件爭執者，即在於本件被告上揭在網際網路之網站上所貼之文章，有無侵害原告之名譽，並造成原告之損害？

例五：住客摔倒游泳池案—評析臺灣高等法院臺中分院102年度重上字第33號民事判決

三、法院判法

　　本件被告於網站上張貼如上述文章，並轉貼至原告所經營之二家民宿留言板，而由其上揭貼文內容可知，係被告就其在預訂原告所經營之低調民宿時，未能順利訂房，導致被告已匯款而仍未訂到房間之交易過程，被告認權益受損之經過，屬被告親身經歷之事項，並非被告憑空捏虛事實。而對照原告所經營之低調民宿網站之訂房流程可知，在預定房間後尚須支付訂金，方完成訂房手續，且若在預定後，並未及時匯款時，有可能房間已為其他已匯款之人預訂。

　　言論自由為人民之基本權力，大法官釋字第509號解釋已釋示言論自由具有「實現自我，溝通意見、追求真理、滿足人民知的權利，形成公意，促進各種合理的政治及社會活動之功能」，本件情形即可知，被告不僅在匯款後未正式取得訂房，更因此必須待原告退還訂金，甚至損失匯款手續費用，從而此種訂房之流程及方式是否合理，確實並非不可受公評。在整個交易的過程中，原告固有權決定其出租房間之流程及方式，然對此流程及方式之當否，自應亦同受消費者之檢驗，被告將其消費經驗張貼公示，要屬其意見表達，已如前述，既無任意捏虛造假，原告執此即謂被告有侵害原告甚至損及同為原告所經營之北九岸民宿之權利，尚嫌無據。

原告所主張被告之貼文中「拽」、「老闆娘只要躺著賺就好？」等用語，確實被告個人主觀之評價，且經閱讀前後文可知，被告指謫內容尚稱明確，而其用字亦非可認係屬漫罵，尚堪認屬失當評論之範疇。至被告所寫「老闆娘只要躺著賺就好」等文字，在早期一般坊間俗哩用語，固隱約有貶低歧視女性之意味，而屬足以貶損他人社會評價之事。然被告為此用語時，是否有侮辱貶損原告之意，仍應視其全部行文及先後文義定之綜合判斷，不能斷章取義，更不能以原告之主觀感受、認知為唯一標準。

因此，這篇文章就其消費經過，並無捏虛或誇張之情事，縱偶以較為負面之字眼表達其不滿，經核尚在言論自由保障之範疇，而難謂有何侵害原告或其所經營之民宿權益之情事。是原告主張被告應負侵權行為之損害賠償責任，而依侵權行為之法律關係，請求被告應賠償 100 萬元及利息，另須刊登道歉啟事及刪除上揭文章等，為無理由，應予駁回。

四、判決評析

原告指稱自被告貼文後生意大受影響，惟因花蓮地區乃民宿業者蓬勃發展之處，其生意之好壞，受同業競爭者數目、民宿業者經營方式、天候因素等等多種因素所構成，並

例五：住客摔倒游泳池案—評析臺灣高等法院臺中分院 102 年度重上字第 33 號民事判決

無法單就被告貼文內容判定是影響其民宿業績之原因，構成損害之因果關係明顯不充分。

在消費者預訂房間後，仍非當然就完成訂房，仍以消費者匯款先後決定何人可訂到房間，此為原告所不爭執。而本件被告即因匯款時間較他人晚，致未能訂到房間，而被告就此消費經驗在網站上表示其看法，即屬其就客觀訂房之事實表達意見，依前揭說明，即屬被告主觀價值判斷之範疇，且係就認原告訂房流程不利消費者之可受公評之事項所為之評論，應受憲法之保障之基本權利。

再按涉及侵害他人名譽之言論，可包括事實陳述與意見表達，前者具有可證明性，後者則係行為人表示自己之見解或立場，無所謂真實與否。而意見陳述乃行為人表示自己之見解或立場，屬主觀價值判斷之範疇，在民主多元社會對於可受公評之事，即使施以尖酸刻薄之評論，仍受憲法之保障。

被告上揭「老闆娘只要躺著賺就好」之文字，係就原告將原應由原告負責之確認訂房、保留期間、確認匯款等事項，認僅單純由消費者匯款先後決定，顯已將業者應協力負擔之責任全部轉嫁消費者所表達之不滿，應非在侮辱原告甚明，且係基於自己客觀實際經驗而為之評論，仍屬意見表達而應受保障之範圍。

第八章　服務過失之法律爭議案件實務

　　若按刑法誹謗罪論之,以行為人之行為出於故意為限,民法上不法侵害他人之名譽,則不論行為人之行為係出於故意或過失,均應負損害賠償責任,此觀諸民法第 184 條第 1 項前段及第 195 條第 1 項之規定自明。而所謂過失,乃應注意能注意而不注意,即欠缺注意義務,構成侵權行為之過失,係指抽象輕過失即欠缺善良管理人之注意義務而言,行為人已否盡善良管理人之注意義務,應依事件之特性,分別加以考量,因行為人之職業、危害之嚴重性、被害法益之輕重、防範避免危害之代價而有所不同。

案例七：
總統套房跌倒案
——評析臺灣臺北地方法院 90 年度訴字第 1321 號判決

一、本案事實

原告至○○飯店五樓會議中心參加友人子女婚宴，餐後受邀至十五樓總統套房話敘。嗣原告欲上廁所，便進入該總統套房之浴室（下稱系爭浴室），嗣因地滑而全身向前滑倒，前額並撞到洗手檯下面櫃門之金屬把手，頸椎被全身重量擠壓，當場血流一地，而無法動彈。

後至醫院檢查，發現有頸脊髓外傷病變、第四至六頸椎間盤突出、頭部受傷併顱骨骨折及臉部撕裂傷四公分之傷害等情，由於現場花崗石未加燒面或防滑處理，衛浴通風較差，加上浴缸與洗手檯部分未隔開，並非乾溼分離，故地面容易溼潮難保持完全乾燥。

磁磚而言有分地面的磁磚及牆壁的磁磚等，花崗石是最硬的，因為硬度比較高，所以容易滑倒，所以浴室所使用之

第八章　服務過失之法律爭議案件實務

磁磚是否具防滑標準？另其洗手檯櫃門把手之設計是否安全等節，造成原告受傷。

(一) 原告主張

　　被告五樓會議中心參加友人子女婚宴，餐後受邀至向被告租用之十五樓總統套房話敘，故原告當然係被告服務之對象，與被告具有消費關係。受傷後至今已有五十次門診檢查，及二百零四次之物理治療，每次耗時於等候，接受治療即達一個下午，另加上在家熱敷，幾乎全年均在與病痛博鬥，且有半年由配偶陪同治療，全家生活均受極大影響，精神痛苦異常萬分。尤其原告頸椎間盤突出壓迫頸脊髓受傷後便不能再生復原，即無法修補，目前不能提重，大部分需用背包，所受痛苦實無法形容。另前額撕裂傷部分將來須整形，即使手術亦無法完全恢復原來面貌，造成容貌毀損，遺憾終生，爰請求六十萬元之精神慰撫金。又被告僅為美觀豪華考量，於衛浴處所選用易滑之光亮大理石鋪地面，且被告既未在易滑處設置止滑墊，以確保使用人無安全上之危險，亦未於明顯處為防滑警告標示，以防事故之發生。

　　在如此寬闊之衛浴處所僅有三小面止滑墊，分別於浴缸前、廁所門前及三溫暖門前，其他地面則完全闕如；再者，系爭浴室之二側洗手檯下面所設八扇櫃門之把手均甚突出；且從現場照片浴缸所在位置，係設於三個台階之上，亦具危

案例七：總統套房跌倒案—評析臺灣臺北地方法院 90 年度訴字第 1321 號判決

險性。是以，從上開浴室之設計觀之，被告所提供之服務顯不具安全性。

證據：提出醫療費用明細表、長庚醫院診斷證明書、照片、系爭浴室之平面示意圖、醫療及車資暨其他支出明細、車資收據、醫療費用收據、統一發票、物理治療記錄單為證，並聲請向室內設計裝修公會鑑定系爭浴室之設備是否已符合安全標準？該浴室所使用之磁磚是否具防滑標準？另其洗手檯櫃門把手之設計是否安全？及聲請向長庚醫院函查原告頸椎間盤突出壓迫頸脊髓之情形，是否不能修補，而無法再生復原？

被告所提供之商品及服務既未具通常可合理期待之安全性，致生損害於消費者及第三人，自應依消費者保護法第七條及民法第一百八十四條第一項之規定，就原告所受損害負賠償之責。

(二) 被告抗辯

服務於提供時，未具通常可合理期待之安全性者，為消費者保護法第七條第一項所稱安全或衛生之危險，但服務已符合專業水準者，不在此限，消費者保護法施行細則第五條第一項定有明文。換言之，只要服務於提供時已符合專業水準，則推定其已具通常可合理期待之安全性。經查，被告乃五星級之國際觀光旅館，而觀光旅館之建築、設備、經營、

第八章　服務過失之法律爭議案件實務

管理與服務方式,應符合「觀光旅館業管理規則」之規定,其主管機關並應實施定期或不定期檢查,其有危害旅客安全之虞者,在未改善前,得責令暫停使用,逾期未改善者並得撤銷其營業執照(上開規則第三十二條規定參照)。而被告於最近一次之定期檢查中,經就相關項目逐項檢查結果,均符規定,其中客房之「防滑設施」亦符合規定,此有交通部觀光局八十八年度國際觀光旅館定期檢查紀錄表可稽,是則,被告之服務於提供時,應已符合國際觀光旅館之專業水準,依上開消費者保護法施行細則規定,應已具備通常可合理期待之安全性。何況所謂「通常可合理期待之安全性」,與「絕對的安全性」截然不同,原告以「絕對的安全性」之標準,認定被告之故意或過失,亦有未合。至於室內設計裝修公會所為之鑑定,似係著眼於「絕對的安全性」,並未顯示在正常合理使用之下,是否已具備可合理期待之安全性,故其鑑定結果,應不足以作為判定被告之衛浴設備是否已具備「通常可合理期待之安全性」之依據。況鑑定人汪精銳亦到庭證述,表示其所為之鑑定,並無規範依據,故其鑑定結果難免流於主觀之判斷,並無客觀之科學依據,自難遽予採信!

末查,本件事故發生之地點,係五星級觀光飯店之總統套房,其為一流之設備,應無庸置疑;且自飯店開始營運迄今,二十年來,該房曾經住過世界名流、政要,從未發生類

案例七：總統套房跌倒案—評析臺灣臺北地方法院 90 年度訴字第 1321 號判決

似情況，故其設備已達「專業水準」，應可推定。又查觀光飯店固為公共場所，但其房間經客人進住後，即為私人居處，非公眾得自由出入之場所，飯店所服務之對象應只限於登記之客戶，至於其他第三人，則既非飯店之服務對象，與企業經營者自不成立消費關係，故該第三人應非消費者保護法保護之對象，因此，本件原告引用消費者保護法之規定，要求被告理賠，應無理由。茲原告不慎滑倒，其真正原因為何？因在私密空間發生，外人實不得而知，但在正常合理使用之情況下，應不致發生滑倒事故，則可斷言！是則原告以其滑倒受傷而主張可歸責於被告，仍有待其舉證，被告對其所主張之發生原因及所受損害，均予否認。縱認被告有可歸責之事由，但原告因使用不當而造成損害，亦與有過失，被告主張過失相抵。

證據：提出交通部觀光局八十八年度國際觀光旅館定期檢查紀錄表、臺北市政府工務局八十九年十二月十五日北市工建字第八九三五三五五八〇〇號函、市、縣(市)政府工務(建設)局建築物防火避難設施與設備安全檢查申報結果通知書為證。次按民法第一百八十四條第一項前段所定之侵權行為損害賠償責任，係以故意或過失不法侵害他人之權利為要件，如無故意、過失或不法侵害之存在，自無侵權行為之可言，而本件被告所提供之服務既已具備通常可合理期待之安

全性,有如前陳,則原告不慎滑倒,以致受傷,或係由於其非合理使用所致,自不得歸責於被告。

二、本案爭點

本案爭點有二,分述如下:

(一) 系爭浴室之設備是否具通常可合理期待之安全性?

由於本案雙方並不否認其受傷之原因與系爭浴室之設備有關,本案發生事故之大飯店浴室地面係使用大尺寸之花崗石,每塊面積為 60×60CM,花崗石本身較磁磚光滑,很易濕滑,故為了安全,一般浴室地面不宜使用花崗石,而採用磁磚,磁磚亦分壁面及地面兩種,地面須使用止滑磚。且由於花崗石硬度較硬且易滑之特性,通常都用在室外較多,避免入浴者跌倒。

(二) 本案有無消費者保護法之適用?被告應否負損害賠償責任?

本案系爭原告總統套房入廁跌倒,雖然原告與被告並無消費關係存在,但被告既可預見縱非該總統套房之消費者,亦有可能進入該總統套房,所以原告亦為消費者保護法第七條第三款所稱之「第三人」,適用條款。

案例七：總統套房跌倒案─評析臺灣臺北地方法院90年度訴字第1321號判決

三、法院判法

（一）

本案經室內設計裝修公會鑑定，其中證詞「有關臺灣的觀光飯店，也有部分是用大理石，但應該經過處理，或在大理石上加上止滑條」、「系爭浴室的設備就是不安全」等語，足認被告就系爭浴室之設備尚不符安全標準一節足堪認定。又系爭浴室之設備既有安全上之危險，且有危害生命、身體、健康、財產之虞，被告自應於明顯處為警告標示及緊急處理危險之方法，而被告卻不為。

（二）

案發飯店的地板的磁磚其等並不會檢查，因上開管理規則並無規定要防滑設施等語，可知浴室地板之建材並非交通部觀光局經管之業務，故上開定期檢查紀錄表並無從證明被告所提供之浴室設備已具備通常可合理期待之安全性。至市、縣（市）政府工務（建設）局建築物防火避難設施與設備安全檢查申報結果通知書係依據「建築物公共安全檢查簽證及申報辦法」而來，然該辦法針對建築物防火避難設施所為之檢查，故縱被告通過該項目之檢查，亦難以此證明系爭浴室之設備即不具危險性，是被告辯稱其所提供之服務已具專業水準，並無安全上之危險，亦難採信。

第八章　服務過失之法律爭議案件實務

(三)

　　被告既為服務提供之企業經營者，而其所提供之服務有安全上之危險，並致原告受有前揭傷害，依消費者保護法第七條之規定，被告自應負損害賠償責任，且因被告所提供之服務不具安全性而受侵害，故原告自為消費者保護法第七條第三項所稱之「第三人」，而有消費者保護法第七條之適用。

(四)

　　民法第一百九十三條第一項、第一百九十五條第一項前段分別定有明文，不法侵害他人之身體或健康者，對於被害人因此喪失或減少勞動能力或增加生活上之需要時，應負損害賠償責任；另不法侵害他人之身體、健康者，被害人雖非財產上損害，亦得請求賠償相當之金額。

(五)

　　再從消費者保護法對於企業經營者乃採無過失責任制度，其對因消費關係所產生之侵權行為雖無任何故意、過失，亦需負損害賠償責任，僅其損害賠償範圍因消費者保護法未規定，依該法第一條第二項之明文，而需適用民法相關規範條文。

案例七：總統套房跌倒案—評析臺灣臺北地方法院 90 年度訴字第 1321 號判決

四、本案評析

　　查原告係於被告設置之五樓餐廳用餐，並於餐後受套房承租人邀請到其房間話敘並使用其浴室，乃是以消費的目的使用被告提供之套房商品，及接受其服務之人，因此本件原告係屬於消費者保護法所規定之消費者，無庸置疑。

　　明為子女舉辦之婚宴，餐後受邀至套房承租人向被告租用之十五樓總統套房話敘，原告欲上廁所便進入該套房之浴室，惟因被告就系爭浴室之設備完全著重美觀，未為安全上之考量，而採用易滑之地磚，且無任何警示標語，亦未設置有效之止滑墊。被告為飯店業者，應知衛浴處所係最容易發生意外事故之地點，且衛浴處所地板易有水，因此，容易有滑倒之意外事故發生，一般為有效預防，於衛浴處所之地板無不採用具防滑性之材質，然被告卻完全為美觀考量，採用易滑之大理石鋪面。而光亮地板遇水即滑，衛浴處所係用水之處，尤其在二個洗手檯櫃前之光滑地板，更無法完全保持乾燥無水之情況，一旦有水，顯易造成滑倒之事件發生。

　　消費者保護法第七條第一項所稱之「服務」，應係指非直接以設計、生產、製造、經銷或輸入商品為內容之勞務供給，且消費者可能因接受該服務而陷於安全或衛生上之危險者而言；因之，本質上具有衛生或安全上危險之旅館服務，

第八章　服務過失之法律爭議案件實務

自有本法之適用。又按「安全或衛生上之危險」，依同法施行細則第五條第一項規定，係指服務於提供時，未具通常可合理期待之安全性，且未符合當時科技或專業水準者而言。而是否具備通常可合理期待之安全性，則應以提供服務當時之科技及專業水準，以及符合社會一般消費者所認知之期待為整體衡量。

因故意或過失，不法侵害他人之權利者，負損害賠償責任；又從事設計、生產、製造商品或提供服務之企業經營者應確保其提供之商品或服務，無安全或衛生之危險。按從事設計、生產、製造商品或提供服務之企經營者應確保其提供之商品或服務，無安全或衛生上之危險。商品或服務具有危害消費者生命、身體、健康、財產之可能者，應於明顯處為警告標示及緊急處理危險之方法。企業經營者違反前兩項規定，致生損害於消費者或第三人時，應負連帶賠償責任。依民法第一百九十三條第一項規定：「不法侵害他人之身體或健康者，對於被害人因此喪失或減少勞動能力，或增加生活上之需要時，應負損害賠償責任。」按不法侵害他人身體、健康、名譽、自由、信用、隱私、貞操，或不法侵害其他人格法益而情節重大者，被害人雖非財產上之損害，亦得請求賠償相當之金額，民法第一百九十五條第一項前段定有明文。

致原告受有上揭傷害，顯有過失，且衛浴處所係一最易

案例七：總統套房跌倒案─評析臺灣臺北地方法院 90 年度訴字第 1321 號判決

發生滑倒事件之室內處所，而當滑倒事故不幸發生時，加上其他設置之不當，如本件在衛浴處設有甚為突出之把手，更易加重傷害之程度，被告係一知名之大飯店業者，對於提供之衛浴處所，更應確保無安全上危險，然被告卻僅著重美觀，完全無安全上之考量。綜上可證，被告所提供之商品及服務顯未具通常可合理期待之安全性。

可合理期待之安全性者，為本法第七條第一項所稱安全或衛生上之危險，民法第一百八十四條、消費者保護法第七條及消費者保護法施行細則第五條分別定有明文。被告為提供住宿之旅館業者，自應確保其提供之商品或服務，無安全或衛生上之危險，但被告所提供套房內之浴室既有安全上之危險，且被告迄未舉證以明其對於損害之防免已盡相當之注意，或縱加以相當之注意而仍不免發生損害，是依首揭消費者保護法第七條之規定，被告即應就原告因本事件所造成之傷害，負損害賠償責任。

第八章　服務過失之法律爭議案件實務

第九章 結論

第九章　結論

台灣邁入服務經濟的消費時代，消費者不僅有能力滿足溫飽，且重視消費的服務體驗，因此，消費者與經營者因消費產生的爭議問題開始引起大眾的關切，加上消費者保護意識開始覺醒，社會大眾亦致力於消費者保護運動，經營者對服務過失與消保法與民法的關係，應有更進一步的理解。

茲將本書七個案例彙整如下：

案號	一	二	三	四	五	六	七
案名	颱風天鐵板砸車案	婚宴海鮮中毒案	房客使用跑步機休克死亡案	行走鋁製斜板案	住客摔倒游泳池案	未入住詆毀民宿案	總統套房跌倒案
住客行為	停車	用餐	休閒	行走	淋浴	訂房	滑倒
案由	鐵片因風大吹起砸車	海鮮未冷藏	未設專人管理健身房	設鋁製鐵板未符安全規範	跳入水池積水受傷	訂房未果抒發感受	衛浴潮溼入廁滑倒
結果	旅客勝訴	賓客勝訴	各負過失50%	旅客勝訴	旅客過失80%經營者20%	旅客勝訴	旅客勝訴

案例七:總統套房跌倒案─評析臺灣臺北地方法院 90 年度訴字第 1321 號判決

案號	一	二	三	四	五	六	七
舉證	監視設備	1.廚師自證未冷藏 2.診斷證明書	監視設備	1.物證 2.診斷證明書	1.檢驗受傷部位 2.現場查勘	網路留言檢視	公會鑑定浴室未作防滑處理
賠償	1.支付車輛全額維修費用 2.懲罰性賠償金十萬	1.賠償金按菜單比率 2.非財損賠償五萬 3.懲罰性賠償金一倍 4.其他賓客醫藥及財損賠償	1.殯葬金 2.慰撫金	給付40萬	給付377萬	無	給付52萬

本書除了對文獻的闡述外,以下就服務過失瑕疵產生的法律爭議,提出以下四點結論:

(一)「商品服務責任」採取無過失責任,所以在消費者請求賠償時,就不需要舉證企業具有主觀的歸責原因(故意或過失);但是,消費者仍然必須舉證具有客觀的

151

第九章 結論

歸責原因（即客觀的歸責要件），亦即消費者仍必須證明：「企業的商品或服務具有瑕疵」、「消費者受有損害」、「瑕疵與損害之間具有相當之因果關係」，此乃依消費者保護法第 7 條規定，就企業經營者對於消費者應負無過失責任之構成要件。

(二) 旅宿業者是否應負無過失責任，應先定義何謂「服務」，始能依事實認定服務是否有欠缺安全性，即是否符合「當時科技或專業水準可合理期待之安全性」之客觀歸責事由。

(三) 就旅宿業者所提供之商品及服務是否欠缺安全性之認定，實務上就客觀認定標準，「當時科技或專業水準可合理期待之安全性」之文義有時不易釐清，以致實務上適用有其困難度。況且以文義解釋而言，「當時科技或專業水準」趨近於善良管理人注意義務之過失概念，而基於商品及服務無過失責任之立論基礎，學說上傾向將之解釋為以合理消費者之期待安全性為認定標準，所以法院審視角度若不同將有不同結果，因此服務無過失責任法規範之適用，仍有值得探究之處（如住客摔倒游泳池案）。

(四) 有關商品與服務傷害的論文在學術討論過的有，肯德基污水跌倒案、外賣紅茶杯蓋燙傷害、KTV 子彈穿牆

案例七：總統套房跌倒案—評析臺灣臺北地方法院 90 年度訴字第 1321 號判決

  案、上閣屋紙火鍋案等，皆因服務或類服務而引起消保法與民法的討論，這些服務業案例，未有集中於特定服務產業討論其可能發生的訴訟樣態，發現：

(五) 飲食瑕疵大致發生在團體訂餐。

(六) 健康中心若只有公告仍然須負傷害責任，使用者可能須簽健康聲明書及派專人定時巡視。

(七) 有關旅客即使遭遇有天災的財損，業者仍然必須有其因果上的原因被究責。

  最後，經營者對於類似網絡毀謗事件，若因自己有服務瑕疵之責，旅客依事實討論夾雜若干「酸民」評論，將很難構成網路毀謗罪責，建議運用網路語言溝通化解抱怨而非興訟。

第九章　結論

參考文獻

參考文獻

一、專書 (按作者姓氏筆畫排列)

(一) 王澤鑑,「侵權行為法」,增訂新版,王澤鑑,2019 年 2 月。

(二) 朱柏松,「消費者保護法論」,翰蘆圖書出版有限公司,1998 年 12 月。

(三) 林益山,「消費者保護法」,五南圖書出版股份有限公司,二版一刷,1999 年 10 月。

(四) 林益山,「商品責任及保險與消費者保護」,六國出版社,1988 年 1 月。

(五) 郭棋湧,「為何有刑事責任」,書泉出版社,五版一刷,2008 年 2 月。

(六) 曾光華,「服務業行銷與管理」,前程文化事業股份有限公司,第六版,2020 年 6 月。

(七) 曾光華,「行銷管理：理論解析與實務運用」,前程文化事業股份有限公司,第八版,2020 年 9 月。

(八) 馮震宇、姜志俊、謝穎青、姜炳俊,「消費者保護法解讀」,月旦出版社股份有限公司,三版,1995 年。

二、專書論文（按作者姓氏筆畫排列）

(一) 王澤鑑，「商品製造者責任與純粹經濟上損失」，收錄於民法學說與判例研究(八)，三民書局經銷,2002年3月。

(二) 邱聰智，「商品責任釋義——以消費者保護法為中心」，收錄於當代法學名家論文集：慶祝法學叢刊創刊四十周年，法學叢刊雜誌社,1996年1月。

(三) 邱聰智，「消費者保護法上商品責任之探討」，消費者保護研究，第2輯,1996年1月。

(四) 姚志明，「侵權行為慰撫金請求之解析」，收錄於侵權行為法研究(一)，元照出版有限公司，初版一刷,2002年9月。

(五) 洪誌宏，「消費者保護法」，五南圖書出版股份有限公司,2014年8月。

(六) 徐小波、劉紹樑，「企業經營者對消費者侵權賠償責任制度之比較研究」，行政院消費者保護委員會編印,1995年8月。

參考文獻

(七) 陳聰富,「消保法有關服務責任之規定在實務上之適用與評析」, 收錄於侵權歸責原則與損害賠償, 元照出版有限公司, 初版一刷, 2004年9月。

(八) 詹森林,「消保法有關商品責任之規定在實務上之適用與評析」, 收錄於民事法理與判決研究(三), 元照出版有限公司, 初版一刷, 2003年8月。

(九) 楊淑文,「消費者保護法與民法的分與合一雙軌制立法上的消費者與消費關係」, 民事法與消費者保護, 政治大學法學中心出版, 2013年8月。

三、中文期刊（按作者姓氏筆畫排列）

(一) 王千維，民事損害賠償責任成立要件上之因果關係、違法性與過失之內涵及其相互間之關係，中原財經法學，第8期，2002年6月。

(二) 邱聰智，評「適用消保法論斷醫師之責任」，國立臺灣大學法學論叢，27卷4期，1998年7月。

(三) 許政賢，「消費者死亡案例類型之懲罰性賠償金──最高法院108年度台上字第1750號民事判決」，裁判時報，104期，2021年2月。

(四) 郭麗珍，商品之通常使用、可期待之合理使用及被害人與有過失之判斷，月旦法學雜誌，53期，2016年9月。

(五) 陳忠五，2003年消費者保護法商品或服務責任修正評析-消費者保護的「進步」或「退步」，臺灣本土法學，第50期，2003年9月。

(六) 陳忠五，論消費者保護法商品責任的保護法益範圍，台灣法學雜誌，第134期，2009年8月。

(七) 陳忠五，在餐廳滑倒受傷與消保法服務責任的適用最高法院100年度台上字第104號判決再評釋，台灣法學雜誌，第185期，2011年10月。

(八) 陳聰富, 民法基本觀念, 月旦法學教室, 第1期, 2002年11月。

(九) 陳聰富, 消保法有關服務責任之規定在實務上之適用與評析, 國立臺灣大學法學論叢, 30卷1期, 2001年1月。

(一〇) 曾品傑, 論消費者之概念, 台灣本土法學, 49期, 2003年8月。

(一一) 曾品傑, 論消費者保護法上之服務責任最高法院相關判決評釋, 財產法暨經濟法, 12期, 2007年12月。

(一二) 黃立, 消費者保護法：第一講──我國消費者保護法的商品與服務責任(一), 月旦法學教室, 第8期, 2003年6月。

(一三) 黃立, 消費者保護法：第二講 我國消費者保護法的商品與服務責任(二), 月旦法學教室, 第10期, 2003年8月。

(一四) 詹森林, 消費者保護法服務責任之實務問題最高法院96年度台上字第656號判決、99年度台上字第933號裁定及其原審判決之評析, 法令月刊, 第63卷第1期, 2012年1月。

(一五) 詹森林, 被害人濫用商品與企業經營者之消保法商品

三、中文期刊（按作者姓氏筆畫排列）

責任——最高法院一〇三年度台上字第二四四號裁定之評釋,月旦民商法雜誌,第 45 期,2014 年

(一六)詹森林,第三人之故意不法行為與因果關係之中斷最高法院九十五年臺上字第七七二號民事判決代客泊車案例判決之研究,臺灣本土法學雜誌,第 75 期,2005 年 10 月。

(一七)戴志傑,懲罰性賠償金數額計算基礎的「損害額」應否包含非財產上損害？——我國消保法近十年的司法判決分析與檢討,靜宜法學,第 4 期,2015 年 6 月。

四、學位論文 (按作者姓氏筆畫排列)

(一) 林慧貞 , 論消費者保護法之服務無過失責任 , 國立臺灣大學法律學研究所碩士論文 ,1996 年。

(二) 黃園舒 , 論消費者保護法之服務責任 —— 以服務欠缺安全性為中心 , 國立臺灣大學法律學研究所碩士論文 ,2017 年。

五、網路資料

(一) 司法院網站法學資料檢索系統，
http://jirs.judicial.gov.tw/Index.htm

(二) 消費者保護法 Q&A, 行政院消費者保護委員會網站，
http://www.cpc.ey.gov.tw/News_Content.aspx?n=495361E842038BD&sms=269B2A0B-3B272499&s=11B0E260E6E03508(最後瀏覽日:2023/4/21)。

(三) 消費案件統計，行政院消費者保護會官方網站，
http://www.cpc.ey.gov.tw/InfoView2.aspx?n=B1B69C771CAAEFBE&s=ABBF62618F53F8DE(最後瀏覽日:2023/5/6)。

(四) https://news.housefun.com.tw/news/article/amp/818015286512.html（最後瀏覽日期：2023年6月3日）。

(五) https://travel.ettoday.net/article/2299879.htm（最後瀏覽日期：2023年6月3日）。

(六) https://news.ltn.com.tw/news/HsinchuCity/breakingnews/3266127（最後瀏覽日期：2023年6月3日）。

參考文獻

(七) https://www.google.com/search?q=%E5%8F%B0%E5%8D%97%E5%B8%86%E8%88%B9%E9%A3%AF%E5%BA%97%E5%AE%98%E7%B6%B2&oq=%E5%8F%B0%E5%8D%97%E5%B8%86%E8%88%B9&aqs=chrome.2.69i57j0i512l2j46i175i199i-512j0i512l6.20061j0j7&sourceid=chrome&ie=UTF-8#rlimm=13535791156575692890（最後瀏覽日期：2023年6月20日）

六、網站

(一)司法院法學資料檢索系統,https://law.judicial.gov.tw/。

(二)行政院主計總處,https://www.dgbas.gov.tw/。

(三)行政院消費者保護會,https://cpc.ey.gov.tw/。

(四)期刊文獻資訊網,http://readopac.ncl.edu.tw/nclJournal/

(五)臺灣博碩士論文知識加值系統,https://cpc.ey.gov.tw/。

國家圖書館出版品預行編目資料

服務業的法律風險與案例——探討旅宿業服務缺失、服務過失及法律責任 / 范惟翔 博士 著. -- 第一版. -- 臺北市 : 財經錢線文化事業有限公司, 2024.07
面 ; 公分
POD 版
ISBN 978-957-680-932-3(平裝)
1.CST: 服務業 2.CST: 風險評估 3.CST: 法律行為 4.CST: 個案研究
489.1　　113010577

電子書購買
爽讀 APP

服務業的法律風險與案例——探討旅宿業服務缺失、服務過失及法律責任

臉書

作　　者：范惟翔 博士
發 行 人：黃振庭
出 版 者：財經錢線文化事業有限公司
發 行 者：財經錢線文化事業有限公司
E - m a i l：sonbookservice@gmail.com
粉 絲 頁：https://www.facebook.com/sonbookss/
網　　址：https://sonbook.net/
地　　址：台北市中正區重慶南路一段 61 號 8 樓
8F., No.61, Sec. 1, Chongqing S. Rd., Zhongzheng Dist., Taipei City 100, Taiwan
電　　話：(02) 2370-3310　　傳　　真：(02) 2388-1990
印　　刷：京峯數位服務有限公司
律師顧問：廣華律師事務所 張珮琦律師

-版權聲明-

本書版權為作者所有授權崧博出版事業有限公司獨家發行電子書及繁體書繁體字版。
若有其他相關權利及授權需求請與本公司聯繫。
未經書面許可，不得複製、發行。

定　　價：299 元
發行日期：2024 年 07 月第一版
◎本書以 POD 印製
Design Assets from Freepik.com